别跟自己过不去

心理不失衡并免于自我伤害

台海出版社

图书在版编目（CIP）数据

别跟自己过不去 / 三吉著. -- 北京：台海出版社，
2017.12（2018.7重印）
ISBN 978-7-5168-1651-6

Ⅰ. ①别… Ⅱ. ①三… Ⅲ. ①人生哲学－通俗读物
Ⅳ. ①B821-49

中国版本图书馆CIP数据核字（2017）第278321号

别跟自己过不去

著　　者：三　吉

责任编辑：俞滟荣　贾凤华　　装帧设计：MM末末美书
版式设计：阎万霞　　责任印制：蔡　旭

出版发行：台海出版社
地　　址：北京市东城区景山东街20号　邮政编码：100009
电　　话：010－64041652（发行，邮购）
传　　真：010－84045799（总编室）
网　　址：www.taimeng.org.cn/thcbs/default.htm
E － mail：thcbs@126.com

经　　销：全国各地新华书店
印　　刷：保定市西城胶印有限公司

开　　本：150×210　1/32
字　　数：140千字　　印　张：7
版　　次：2018年2月第1版　　印　次：2018年7月第2次印刷
书　　号：ISBN 978-7-5168-1651-6

定　　价：26.80元

前　言

Preface

如何面对不完美的人际关系

一个人痛苦，不是因为他拥有太少，而是因为他欲望太多。一个人快乐，不是因为他得到的多，而是因为他计较很少。

有一种莫名的重荷是生活的压力，有一种莫名的痛苦是心累。这句话我想便是我们今天大多数人的生活状态的写照。每天我们要面临的东西太多了，吃穿住用行、工作、家庭、孩子、父母、亲人、朋友……但我不能因为压力和累就止步不前，等待命运的抛弃，我们只有选择带着疲惫的心在压力中轻装前行，才能找到一片属于自己的天地。总之，我们凡事不要跟自己过不去。

但是生活中有许许多多的人都经常跟自己过不去，因为生活带给他们的压力而承受不了，就发生了许多惨不忍睹的悲剧。如，有人因为股票一夜暴跌，亏损严重，便从大楼顶层，纵身一跃，结束自己的生命。有人因为不被信任，被怀疑，为证明自己的清白，也选择自寻短见。也有一些学生，因为高考成绩没考好，或者家长给的压力太大，也选择轻生。是啊，生活压力大，学习压力大，但这些压力从哪里来？

这些压力虽然是有外界的，但真正摧垮自己，能让自己选择轻生的还是自己。因为股票大跌，赔了很多钱。因为不被信任，受批评。因为考试成绩没考好，没脸见人……其实这些都是自己给自己太多的压力。真没必要这样，做不好，但也要快乐；赔钱了，那就从头再来；没考好，那下次努力；受质疑，那就走自己的路，让别人去说吧……我们不必眼红别人的成绩，嫉妒别人的名利。是否曾想过别人有没有嫉妒过你，羡慕过你？所以，我们要学会看，看自己的优点。学会听，听自己的心声。学会想，想自己所想。学会说，向自己倾诉。

除此，人还有一种苦恼——超过自己能力的苦。一个人的能力是有限的，如果你想得到超过能力之外的，那简直就是折磨自己，跟自己较劲、过不去。其实，静下心来仔细想想，生活中的许多事情，并不是你的能力不强，恰恰是因为你的愿望不切实际。人的一生中，期望与现实常常会发生冲突。

我们期望的，未必能够获得，我们能获得的，却未必是所期望的。虽然很残酷，然而这就是真实的生活，生活的真实性。

我们要相信自己具有做种种事情的才能，当然相信自己的能力并不是强求自己去做一些做不到的事情。事实上，世间任何事情都有一个限度，超过了这个限度，好多事情都可能是极其荒谬的。我们应时常肯定自己，尽力发展我们能够发展的东西，剩下的，就安心交给老天。只要尽心尽力，只要积极地朝着更高的目标迈进，我们的心中就会保存一份悠然自得。从而，也不会再跟自己过不去，责备、怨恨自己了，因为，我们尽力了。即便在生命结束的时候，我们也能问心无愧地说："我已经尽了最大的努力。"那么，你真正的此生无憾了！

所以，凡事别跟自己过不去，要知道，每个人都有或这或那的缺陷，世界没有完美的人。这样想来，不是为自己开脱，而是使心灵不会被挤压得支离破碎，永远保持对生活的美好认识和执着追求。

《别跟自己过不去》用通俗的语言，将人生浅显而又深刻的生活哲理向您娓娓道来，希望它能够让您重新感悟人生的真谛和美好，抛开过去，拥抱未来，不计较、不纠结、不强迫，做喜欢的自己，活出自己的快乐和精彩。

目　录

Contents

第一章　被讨厌的勇气，自我启发之父的提醒

人因为自卑，所以有发展 / 002

身体缺陷不是自暴自弃的理由 / 006

学会自我认同才会被认同 / 010

敢于向自己的弱点宣战 / 014

换掉性格系统中的那块短板 / 018

不必为“被批评”动肝火 / 021

第二章　抛开过去，做喜欢的自己

不为昨天流泪、哭泣 / 028

再见过去，你好未来 / 032

纠缠住后悔不放，则愚蠢至极 / 037

人生不简单，我们要简单地活 / 040

放慢生活脚步，欣赏路边的风景 / 045

忘记该忘记的，拥有洒脱人生 / 049

坚持有执着的一面但非固执 / 053

第三章 接纳自己，不完美才美

别用高标准来为难自己 / 058

正视缺点，不苛求完美 / 061

不为迎合别人而活 / 065

完美不是一个绝对的概念 / 069

完美主义是一朵罂粟花 / 074

八分生活幸福哲学 / 077

第四章 所有的失去，都会以另一种方式归来

有价与无价的区别 / 082

失去，焉知非福 / 086

残缺中往往孕育强大的灵魂 / 089

换个角度，糟糕并非绝对 / 093

你吃的亏，都会补回来 / 098

第五章 现在吃的苦，终将照亮前行的路

苦难，人生必经之路 / 102

超越苦难，它就是你的财富 / 105

愿你经历的苦难，都变成礼物 / 108

风雨过后见彩虹 / 112

把绊脚石变成垫脚石 / 115

第六章　勇敢面对，一切都是最好的安排

有勇气的人永远不失自尊 / 120

拿出面对挫折的勇气来 / 124

困难没有想象中的大 / 128

要学会给自己加油 / 132

要有战胜困难的信心 / 134

第七章　生命不是交换，别让斤斤计较害了你

做人不要太计较 / 138

不要在乎他人的评价 / 142

快乐的人生不计较 / 146

做人不要计较得失 / 151

豁达是人生至高的境界 / 154

少点计较心，多些宽容心 / 158

第八章　断舍离，什么都想要什么也得不到

扔掉过多的、无用的目标 / 162

摊开双手，世界在你手里 / 166

量力而为和量“需”而为 / 171

什么都想要的人会很痛苦 / 176

鱼与熊掌不可兼得，舍鱼取熊掌 / 179

第九章 淡定从容，以知足的方式过一生

知足才能常乐 / 186

人生待足何时足 / 191

能知足才能知不足 / 194

不要有非分之想 / 197

不要有攀比心理 / 201

给心灵宁静的天空 / 204

知足是一种境界 / 208

后记 / 210

第一章
被讨厌的勇气，自我启发之父的提醒

为什么我们越来越敏感？为什么自卑感总是挥之不去？为什么我们总是在意别人的看法？为什么现在无法真实感受到幸福……这一切或许是因为，我们缺少了接受被别人讨厌的勇气！作为个体心理学的创始人，阿德勒用自己坚强的一生来向我们证明不要被眼前的困境束缚了自己，不能相信当下的困境就是人的一生，而是要勇于突破，大胆创造属于自己的生活。

人因为自卑，所以有发展

在阿德勒看来，人的上进，是出于对所处现状的不满意所产生的使我们向更高一层努力的动力。当然这种对现状的不满，会在不同程度上使我们产生自卑感。不过只要保持勇气，我们就能通过改善处境这一直接、现实但却最有效的途径来摆脱自卑感。所以他说："正因为没有人能够忍受一直活在自卑感之中，就会迫使自己进入一种要求某种进步的紧张状态之中，才能使我们自身不断趋于完美的同时无形中为社会的发展贡献力量。"他又说，"自卑感和追求优越密切相关，是表现在我们每个人身上的。追求优越，正是因为我们感到自卑，所以才力图通过富有成就的追求来克服这种自卑感。"

的确，倘若一个人在看清自己处境的不如意时丧失了勇气，后果必将是惨烈的。他将不认为脚踏实地的努力能改善处境，将自己陷入难以承受的自卑感之中。虽然他仍会努力地设法摆脱它，可是采取的方法似乎总是于他无所裨益，获得的效果也是细微的，细微到他认为他的生活是停滞不前的。这时候自卑感成了一种危险的情绪，让他陷入一种消极、被动的局面，变得安于现状，满足于曾经的成绩，止步不前。但是周围同伴的进步和社会的发展只能让他的自卑感愈积愈多，因为情境仍然一成不变，曾经的问题也依旧存在。这时各种问题也会以日渐增大的压力逼迫着他，将他推向一个危险的边缘。这是一个任何人都不愿面对的境地。

所以面对每个人都有的自卑感，鼓起勇气去消除它才是最好也是唯一正确的方法。

阿德勒说："自卑感本身并不异常，它是人类处境得以改善的原因所在。人类的一切文化成果都是基于自卑感。"他甚至说，"自卑感本身并不是问题，相反它是人类进步的原因。"我们都知道拥有一定程度的自卑感并不是一件坏事情，正是这种自卑感才促使人们追求更为优越的地位和更为完善的人生。

我们每个人都有对完美的追求，虽然我们都清楚没有人能够达到完美，但这也并不是毫无意义的追求，因为不懈的努力可以使我们无限地接近完美。

正是因为渴望完美，我们才会对自己有些苛求。尽管已经取得了相当的成就，却不愿止步不前，有时甚至会将自己陷入危险的境地，然后对自己抱怨说："我何苦这样苛求自己。"但是离开了这种境地之后，我们又会自觉地开始新一轮的征服。其实这就是我们人类何以能够用软弱的肉体，去成为生物界的主宰的原因。正因为我们不断地不满，而后不断地前进，才能一次又一次地超越我们自己的极限。这种不断的自我超越，不断的对更美好的人生的追求，使我们走过茹毛饮血的原始时代，走过备受压迫的旧时代，将来也必将走进人类个体达到完全自由的新时代！

自卑感使人们意识到自己的无知，意识到自己需要为将来有所准备，才有可能取得科学进步。而科学进步是人类改善自己的命运、更加了解宇宙，以及更好地与之相处的结果。因为面对动物的爪牙时产生的自卑，让我们学会了制作石器，并了解了聚族而居的重要；因为面对大自然风雷雨电的自卑，促使我们建筑房屋保护自己；因为面对鸟儿翱翔天空时的自卑，让我们得以发明了飞机。数不清的自卑感的存在，造就了我们数不清的成功。在面对自卑感时，我们需要的是，鼓起勇气勇敢地面对，因为人类的一切文化成果都是基于自卑感。

身体缺陷不是自暴自弃的理由

我们不能选择以怎样的外在来到这个世界，但是我们可以选择以怎样的方式回应这个世界。无数个身有缺陷，但取得巨大成功的伟人，用他们的亲身经历告诉我们一个简单，却意义深刻的道理：面对生活的考验，即使你是身有缺陷的人，也没有借口让你只能选择用错误的模式生活。

史蒂芬·霍金，著名理论物理科学家，被誉为当今最伟大的科学家之一。青年时就展现出了对研究和操控事物的渴望。这种渴望驱使他攻读博士学位，并在黑洞和宇宙论的研究上获得重大成就。然而事实上，在霍金学士毕业转到剑桥大学攻读博士，开始研究宇宙学后不久，他就发现自己患上了会导致肌肉萎缩的卢伽雷病（肌萎缩侧索硬化）。由于医生对此病束手无策，起初他打算放弃从事研究的理想，但后来病情恶化的速度减慢了，他便重拾心情，排除万难，从挫折中站起来，勇敢地面对这次的不幸，继续醉心研究，并最终取得了成功，写出了著名的《时间简史》《果壳中的宇宙》等相关著作。

多数人在遭遇霍金的境况时都会茫然无措、意志消沉，而后消极终老，但他却凭着对自己热爱的科学的执着与坚毅，凭着不屈的意志，创造了一个奇迹，同时也给我们证明了残疾并非成功的障碍，并不一定会导致人们选择错误的生活模式。

“心理机制能弥补人类身体的缺陷而迅速提供急救之路。这个不曾间断的无力感的刺激，发展着人类的预见能力和警戒能力，并且使他的灵魂发展成今天这个负责思考、感觉和指导行动的状态。”阿德勒在《阿德勒的智慧》中这样说。

心理机制是人潜意识里的自我保护系统，类似人生理上的免疫系统。当个人感到自我受到攻击时，内心感觉到焦虑，而后自然而然产生的心理活动和行为动作，能够在一定程度上帮助个体抗击受到攻击时的焦虑感。

如果从大自然的角度看，人属于次一等的有机体，至少在肉体上来说。人的肉体的这种脆弱性及其带给我们的潜在的危险，使人类的意识中经常会出现自卑及不安全感。这是一种恒常刺激，所以需要心理机制来弥补人类肉体上的天然缺陷。

通常情况下心理机制对人的保护是在人无意识下进行的。但如果我们能够有意识地锻炼和使用它，它将能更好地帮助我们灵魂的发展，促使人类去发现更能适应大自然并在其中更好地生存的方式与技巧，从而尽可能地消除或尽量减少生活中的不利情况。值得注意的是，社会在人对于心理机制的锻炼过程中起着巨大的作用，因为一个人的社会经验限制他自身的精神视野，而且一个人在成长过程中所形成的生活风格也影响着心理机制的建设。

常言道，健康的灵魂寓于健康的身体之中。但是这并不是一个双向唯一的答案，只要身有缺陷的人的心灵能够被训练得足够强大，就能克服身体缺陷给他带来的问题，从而使健康的灵魂寄于其中。从另一方面讲，健康的身体自然也可能拥有不健康的灵魂，而且发生这种情况的概率还很高。比如，如果一个人在童年时期遭遇了一系列令他受挫的事件，却没有得到积极的心理辅导，那么他将会由此对自己的能力产生错误的理解，而在之后的生活中遇到的任何一个挫败，都会加重他这种对于自己无能的认知。而这种认知一定是不健康的。

所以阿德勒说："健康的灵魂完全可以寓于有缺陷的身体之中，只要这个儿童能够克服身体上的缺陷，勇敢地面对生活。"

学会自我认同才会被认同

“缺乏自我认同的人，往往会格外重视他人对自己的看法，并在为人处世上追随群体的认同感，以免自己被排斥在群体之外。显然，这会让他以并不客观、公正的眼光，并带有情绪性地来看待自己。如果他认为自己达不到某个标准，就会产生被疏离的失落感和沮丧感。”阿德勒在《儿童的人格教育》中这样说。

事实上，被群体的认同感所左右是一件很危险的事情，它不但会使人失去对自我的客观认知，甚至会导致人们丧失自信，最终一事无成。可以说，听信权威和盲目从众的心理就是人们被群体性认同左右的直接反映。

自信和理智的人，他们对自己有着客观、充分的认识，并且有着成熟的价值观念和是非评判标准，他们不会让别人的意见操控自己，不会让群体的认同感左右自己的选择，当人们普遍把别人说的话、别人做的事作为自己说话做事的样板，他们却能脱离以人为中心的误区，围绕着问题和解决问题为中心展开行动。

在生活中，我们经常听到有人说，“专家说要这样做，我就这样做”。此时同时，我们也会发现，说这句话的人往往是没有多大作为的人。只有那些自信的人，才能赢得证明自己才华的机会。

1874年12月，俄国音乐家柴可夫斯基的《第一钢琴协奏曲》写作完成了，他迫不及待地把这首曲子弹给当时俄国的钢琴大师鲁宾斯坦听。让他没想到的是，鲁宾斯坦当场将他呕心沥血得来的作品批得一无是处，还毫不客气地指出，如果想公开演奏这首曲子必须要做彻底的修改。

要知道，鲁宾斯坦可是当时俄国音乐界的泰斗，如果他说一首曲子不行，那么这首曲子几乎就不可能获得成功。然而，年轻的柴可夫斯基坚信自己的作品会获得成功，他不服气地说：“这首曲子我一个音符也不会改，我就要照现在的样子原封不动地拿去出版。”结果，他的《第一钢琴协奏曲》在美国波士顿获得了巨大成功。

试想，如果柴可夫斯基没有足够的自信和理智，也许就会屈从于大师的“教导”，那么我们也许永远都没有机会欣赏他那首经典之作了。进一步来说，如果人人都只会在专家面前沉默不语或盲目从众，那么这个世界就无法进步。自信和理智是使人类文明得以进步的动力之一。

因此，阿德勒得出这样的结论：“所有伟大理论的提出或伟大成就的取得，往往都是拥有自信的人们敢于坚持真理、反对群体意见的结果。那些只会迷信权威的人只能随波逐流，最终被淹没在人类历史的长河中。”

“股神”巴菲特的自信也超乎寻常的强大，所以他能获得无数人梦寐以求的成功。有人问起他投资的秘密时，他曾说过：“要相信自己的判断。我的投资就完全取决于自己的判断，只要是我感觉能够赚钱的股票就一定会大胆地购买。”事实上，巴菲特经常对所谓的专家意见嗤之以鼻，他自称是一个“完全不相信谁能够预测市场走势的投资者”。

在社会中生存，自信不够强的人们难免会被社会的主流意识所局限，而这种主流意识就是群体性的认同。受这种局限的影响，人们会在无形中培养成一种盲目从众的思维模式。对任何一个国家、民族来说，这都是一件非常可怕的事。

每个人都应该是自己思想的产物。可以想象，如果一个人一直把他人的话奉为“天经地义”，他的思想就会被他人所左右，他就会失去个性和自我，甚至变成他人的“傀儡”。因此，不要让他人的意见禁锢我们的思想，不要让群体的意见左右我们的意志，我们要善于倾听自己内心的声音，要用冷静的思考保持自我人格的独立。

我们已经得知，信心是导致成功的因素，包含着很多种表现形式，自我认同无疑也是其中重要的一种表现形式。自信、独立、坚守，当你具备了这些素质，你就拥有了强大的成功力量，拥有了打造成功的利器。

敢于向自己的弱点宣战

提升自己的时候，要学会扬长避短，有缺点就要及时改正。因为，人要想不断地提升自己，就要勇于找出自己的弱点，并进行批评与反思。阿德勒说：“要勇于向自己的弱点开炮，深刻剖析自己的不足之处。通过当下的锻炼，学会在批评与反思中很大程度地完善自己，大大提高自身的素质和适应社会的能力。”

无数优秀的人的成功之路，无不是从“把困难当作挑战”“把弱点当作对手”的自我激励开始的。而我们在实际的生活工作中，却常常遇到对弱点和缺陷视而不见，或临阵逃脱、畏缩不前的失败者。他们之所以困顿不前，正是他们漠视弱点，逃避缺陷的性格造成的。

帕蒂年轻的时候，有一天，他来到巴黎附近的一座教堂推销保险。他滔滔不绝地向一位老牧师介绍投保的好处，老牧师一言不发，只是很有耐心地听他把话讲完，然后用平静的语气说："听了你的介绍，丝毫不能引起我对投保的兴趣。少年，先努力去改造自己吧！"

"改造自己？"帕蒂大吃一惊。

"是的，你可以去诚恳地请教你的投保户，请他们帮助你改造自己。我看你还算是有头脑的人，倘若你按照我的话去做，将来一定会做出一番成就的。"

帕蒂接受了老牧师的教诲，于是，他策划了一个"批评帕蒂"的集会。集会的目的是让别人能坦率地批评自己，为此，他确定了下列三项原则：

集会上人人都能畅所欲言，但参与集会的人最多只能是五个。

为了要让更多的人都有批评的机会，每次邀请的对象不能相同。

既然是他主动邀请别人来的，来者就都是他的贵宾，一定要热诚地予以招待。

当一切准备就绪，他立刻去拜访几个关系较好的投保户，诚恳地对他们说："我才疏学浅，又没有上过大学，因此连如何反省都不会，所以我决定召开帕蒂批评会，恳请你抽空参加，对我的缺点加以指正。"这些人觉得这种性质的集会很有意思，都很爽快地答应了。

帕蒂策划的批评会终于如期开场，他觉得自己就像是砧板上的一块肉，等着任人宰割。第一次批评会就使帕蒂原形毕露：——你的脾气太坏，而且粗心大意；——你太固执，常自以为是，你应该多听别人的意见；——你的个性太急躁了，常常沉不住气；——对于别人的托付，你从来不会拒绝；——你的知识不够丰富，所以必须加强进修，以成为别人的"生活指导者"；——待人处事千万不能太现实、太自私，也不能耍手腕或耍花招，一切都应诚实。

他把这些宝贵的逆耳忠言一一记下来，并以此随时反省自己。此后，帕蒂批评会按月定期举行，他发觉自己就像一条蚕正在慢慢地"蜕变"。每一次的"批评会"，他都有被剥一层皮的感觉。经过一次又一次的"批评会"的洗礼，他把身上一层又一层的弱点剥了下来。随着弱点的消除，他开始进步、成长。

后来，他把在“批评会”上获得的改进用在每天的推销工作中，业绩从此直线上升，成为一名优秀的推销员。

帕蒂的成功正说明了一个人应该不断地向自己的弱点挑战。挑战自我，拿自我的弱点开刀，才是成功的关键所在。但是向别人挑战易，向自己挑战难。所以，阿德勒崇尚挑战自我，崇尚向自己的弱点和缺点宣战。在阿德勒看来，真正想成功的人就要学会“降服自己”，使自己成为一个“自胜者”，成为命运的主人。

我们很多人都具有很强的自尊心，甚至是自恋心理，他们不敢主动地发现自己的弱点，更难以主动接受别人对自己的指正，这就导致他们失去了很多成长和完善的机会。所以，我们要学会自我反省和接受批评，人人都有弱点，但是只有那些勇于承认自身弱点，并积极克服的人，才能成为最后的胜者。

换掉性格系统中的那块短板

阿德勒说：“性格比人性、人格的概念更为广泛，它既有天生的、遗传的因素，也有后天的、社会的因素。我们只有准确地把握性格决定行为的规律，才能对性格与成败的关系有深刻的了解。充分把握性格与生俱来的特征和后天环境造成的变化，才能准确地把握人的性格。”在这里，阿德勒提出了优化性格对人生的巨大作用。

生活告诉人们，人只能寻求近似的完美，而绝对找不到绝对的完美。在生活中的任何领域寻求完美，都不过是抽象的、病态的或无聊的幻想而已。可即便是这样，也并不能使我们回绝完美性格的诱惑，这就使我们不能忽视性格“木桶”中最短的木板。因为，即使构成你的性格“木桶”的木板都比较长，但总有一块是相对较短的，起决定意义的就是那块最短的木板。

奥赛罗的天性是高贵、勇敢、温和、大方，但他的妒忌心和复仇心一旦燃烧起来，竟是那样无法控制。他上了野心家埃伊古的当，杀死了无比纯洁的妻子苔丝德蒙娜，然而，当他意识到自己的罪恶时，又无比地悔恨，毫不推卸自己的责任，最后毅然地毁灭了自己，以生命来弥补他不可宽恕的过失。

奥赛罗与苔丝德蒙娜之间有着伟大的爱，但最终却因爱而毁灭了自己。假如奥赛罗是一个明察秋毫的英雄，当埃伊古诬蔑他的妻子时，他马上察觉到而且惩罚了这个坏蛋，就不会做出杀死妻子如此愚蠢的举动了。

有致命缺陷的奥赛罗被莎翁赋予了灵魂和生气，充满了性格魅力。但在真实的人生中，假如性格里有一块类似于奥赛罗性格“木桶”中的短板，你的命运恐怕就不会那么走运了。由此，无论如何，一定要换掉性格“木桶”中那块短板。

要学会自我拯救性格。你掩住性格“木桶”那块短板，不给人看，并不能使“木桶的水”增加，更不会消除那块木板的致命隐患。因此，找到那块短板，并把它坚决地替换掉，是你的必然选择。

破译性格系统的“木桶效应”，即使构成你的性格“木桶”的木板都比较长，但总有一块是相对较短的，起决定意义的就是那块最短的木板。换掉那块木板，你就铲除了性格中最大的弱点，性格系统中最大的隐患将不复存在。

破译性格系统的“木桶效应”，就要换掉最短的木板，就要铲除致命的缺陷。“苍蝇不叮无缝的蛋”，没有明显性格缺陷的你走在通往成功的路上，当然可以从从容容，不用瞻前顾后，畏首畏尾了。

不必为“被批评”动肝火

迂回地表达反对性意见，可避免直接的冲撞，减少摩擦，使人更愿意考虑你的观点，而不被情绪所左右。

我们每个人都有自己的观点和看法，它支撑着我们的自信，是我们思考的结果。无论是谁，遭到别人直言不讳的反对，特别是受到激烈言辞的迎头痛击时，都会产生敌意，导致不快、反感、厌恶乃至愤怒和仇恨。这时，我们会感到气窜两肋，肝火上升，全身处于一种高度紧张状态，时刻准备做出反击。其实，这种生理反应正是心理反应的外化，是人类最本能的自我保护机制的反映。

阿德勒主张人与人之间并非纵向的人际关系，而是横向的，人与人之间是平等的，所以我们即使是“被批评”，我们也不要生气动肝火。工作中，有的人充满信心，有的人谨小慎微。但不管怎样，突然受到来自上级的批评或训斥，都会对情绪造成很大的影响。如果你也正巧处在挨批的行列，首先应该端正态度，不要对领导的批评表现出“不服”，你“不服”的倔强改变不了任何局面。

受到上级批评时，反复纠缠、争辩，希望弄个一清二楚，这是很没有必要的。确有冤情，确有误解怎么办？可找一两次机会表白一下，点到为止。即使领导没有为你“平反昭雪”，也完全用不着纠缠不休。这种斤斤计较型的部下，是很让领导头疼的。如果你的目的仅仅是为了不受批评，当然可以“寸土必争”“寸理不让”。可是，一个把领导搞得筋疲力尽的人，又何谈晋升呢？

对有些人来说，由于历事颇多，久经世故，能够临危不乱，沉得住气，不会立即做出过激的反应。而且，有的人还是有一定心胸的，不会褊狭地受情绪左右，意气用事。但是，心中的不快却是不能自控的，而且由于面子问题，往往会出现愤怒情绪。

过于直接的批评方式，会使人自尊心受损，大失脸面。

因为这种方式使得问题与问题、人与人针锋相对起来，除了正视彼此以外，已没有任何的回旋余地，而且，这种方式是最容易形成心理上的不安全感和对立情绪的。你的反对性意见犹如兵临城下，直指对方的观点或方案，怎么会使对方不感到难堪呢？特别是在众人面前，对方面对这种已形成挑战之势的意见，别无选择，只有把你打败，才能维护自己的尊严与权威，而问题的合理性与否，早就被抛至九霄云外了，谁还有时间去追究、探索其中的道理呢？

古人主张以迂为直，事实上，间接的方法更容易使你摆脱其中的各种利害关系，淡化矛盾或转移焦点，从而减少对方对你的敌意。在心绪正常的情况下，理智占了上风，他自然会认真地考虑你的意见，不会将你的意见一棒子打死。因此，有时通过间接的途径表达自己的意见反而更容易被人接受。

每个人都会犯错误，每人都有自尊心，有些问题不必采用直接批评的方法，用间接的方法来指出问题，效果反而会更好。

受批评甚至受训斥，受到某种正式的处分、惩罚是很不同的。在正式的处分中，你的某种权利在一定程度上受到限制或剥夺。如果你是冤枉的，当然应认真地申辩或申诉，直到搞清楚为止，从而保护自己的正当权益。

没有人会无缘无故发脾气，批评别人，领导之所以批评你，自然是你犯了某种错误。而要处理得好，你就要坦诚接受领导的批评。

首先，你要搞清楚领导批评你什么。领导批评或训斥部下，有时是发现了问题，促进纠正；有时是出于调整关系的需要，告诉被批评者不要太自以为是，别把事情看得太简单；有时是与部下保持或拉开一定的距离，突出自己的威信和尊严；有时是为了“杀一儆百”，不该受批评的人受了批评，代人受过，等等。总之，搞清楚了领导批评你的原因，你才能把握情况，从容应对。

其次，虚心接受领导的批评。受到领导的批评时，最需要表现出诚恳的态度，显示出你从批评中确实学到了什么，明白了什么道理。正确的批评有助于你明白事理，改过自新，并以此为戒；错误的批评也有可接受的出发点，因此，批评的对与错本身并无太大的关系，关键是对你的影响如何。你处理得好，会成为有利的因素，会成为你前进的动力，如果你不服气、发牢骚，那么你这种态度很有可能引发负效应，使你和领导的感情拉大距离。当领导认为你“批评不起”“批评不得”时，也就产生了“用不起”“提拔不得”的反感情绪。所以，正确看待领导的批评，受到批评不是坏事，通过受批评的过程，你才能更了解领导，接受批评则能体现你对领导的尊重。

最后，不要把批评看得过重。不要被领导批评一次就觉得自己一切都完了，从此一蹶不振，这样会让领导看不起。如果你把每次的批评都看得太重，甚至耿耿于怀，总是不服气地在心里较劲，那么以后领导可能再不会批评你什么了，因为他不会再信任和重用你了。

批评可能会使你的情感和自尊心以及在周围人们心目中受到一定影响，但如果你处理得好，不仅会得到补偿，而且会收到更有利的效果。相反，过于追求弄清是非曲直，却会使人们感到你心胸狭窄，经不起任何误解，人们对你只能戒备三分。

第二章

抛开过去，做喜欢的自己

人生重要的不是你有些什么，而是如何运用我们所拥有的东西。我们不必被过去所羁绊，因为人生永远都有选择的可能性。当我们真正可以放下过去，之前的种种便不再重要。今天，不再是昨天的重复及延长，而是全新的开始。我们不需要变得与众不同，只要做好喜欢的自己。

不为昨天流泪、哭泣

人生由三天组成：昨天、今天和明天。如果你在忙碌的今天为了昨天的失败或不幸而哭泣，那么你的今天就只剩下了泪水。试问，你的明天又将何去何从？

对于很多人来说，对于过去都无法释然。站在时间的长河中，如果不把注意力放在美好的今天和明天，而总是沉浸于往事中，是极不明智的做法。昨天依然和我们有关，但是希望是不可能从昨天产生的，生活的奇迹永远是今天的主题。每一天的太阳都是新的，不要对于昨天念念不忘，昨天无论是辉煌还是黑暗，都已经成为历史。作为已经翻过去的一页，我们何必要花费精力去自责，去悔恨呢？把握好今天，要为了明天而准备，而不是为了昨天而哭泣。

人生在世，不可能永远风平浪静。在现实的大海中航行，如果因为昨天的风暴，而放弃今天的航线，恐怕那些人生的新大陆永远也不会被发现。成功人士亦是如此，翻阅那些伟人的传奇史，几乎每一个成长阶段都有一些伤口。所以不要轻易地放弃，不要让自己陷入过去的沼泽。或许昨日诚可贵，但是今日价更高。

一天，一位得道的高僧休息前吩咐他的小弟子去给佛祖点上香火，这个粗手粗脚的小和尚不小心把香炉打翻了，香灰撒了一地，刚刚插好的香火也断了，差点儿燃着了整个祭堂。小和尚知道自己闯了大祸，偷偷地躲了起来。第二日，高僧找不到小和尚，便亲自来到祭堂探究原因，得知了事情真相后，他稍微有些生气，但是很快就平息了下来。他派人去把躲藏起来的小和尚叫来。小和尚因为害怕，哭了一夜，眼睛肿肿的，心想这次肯定被重罚。高僧看了一眼小和尚：“你耽误了今天的晨课，知道吗？”小和尚抬起头，很不解地望着高僧，然后低头主动认错：“师父，我错了。我昨晚打翻了香炉，你不生气吗？为何今日不责罚我，反而仅仅怪我耽误了晨课呢？”高僧语重心长地说：“昨天你犯的错误，我是很生气，可是事情已经过去了，再来追究谁的责任已无益处。昨天香灰已撒，香火已断已经是无法挽回的事情了，唯一可以做的便是今天马上换上新的香灰，重新点上香火，再把今日的晨课补回来。如果因为昨天的失误，把今天的光阴也赔进去的话，那才是不可饶恕的。你明白了吗？”小和尚恍然大悟。

或许我们每一个人都曾经经历过这个小和尚的角色，我们为了昨天的失误而哭泣，甚至放弃了今日应该做的主题，明日再为今日的放弃而哭泣，日日相仿，人生就这样丢失了它的意义。当昨天的事情我们已经无力改变，那么就应该勇敢地去面对它，把握好今天才是最有价值的行为。

在通过成功的道路上，或许荆棘丛生，或许障碍重重，可是所有的这一切都是可以战胜的，关键是你是否具备了战胜它们的决心。昨天的荆棘丛林已经走过，即使伤痕累累，也不能代表我们无法跨越这条路。勇敢地走下去，伤在昨天，勇于今天，那么成功就在明天。

人的一生要经历过无数的风雨，无数的磕磕绊绊。看看我们小时候是如何学会走路的，我们一边学走，一边摔倒，我们没有因为摔倒了，就长哭不起，就拒绝走路。相反，儿时的勇气是巨大的，无论摔得多么疼，哭一下子以后还是要走的，甚至第二天就把昨天摔跤的事情忘记了，或许这就是人坚强的本性。长大之后，这种本性是依然存在的，我们不能让软弱把它掩埋，要如同一个幼儿学走路那般勇敢。昨天的创伤已经结疤，让我们不要再把精力放在它身上了。

不要为昨天的失败而流泪，但是要从昨天中吸取教训，避免今天成为第二个失败的昨天。

再见过去，你好未来

“不以物喜，不以己悲”“宠辱不惊看庭前花开花落，去留无意望窗外云卷云舒”，如果说这种境界，是我们普通人难以企及的，那我们就学会放弃吧，对过去说再见，对未来说你好。其实，很多时候，放弃也是一种明智的选择。

非洲土人会用一种奇怪的狩猎方法捕捉狒狒：在一个固定的小木盒里面，装上狒狒爱吃的坚果，盒子上开一个小口，刚好够狒狒的前爪伸进去，狒狒一旦抓住坚果，爪子就抽不出来了，因为狒狒有一种习性——不肯放下已经到手的东西。人们常常用这种方法捉到狒狒。

人们总会嘲笑狒狒的愚蠢，为什么不松开爪子放下坚果逃命呢？但人们为什么没有审视一下自己呢？并不是只有狒狒才会犯这样的错误。

人的欲望也是如此。因为舍不得放弃到手的职务，有些人整天东奔西跑，荒废了正当的工作；因为舍不得放下诱人的钱财，有人费尽心思，不惜铤而走险；因为舍不得放弃对权力的占有欲，有些人热衷于溜须拍马、行贿受贿；因为舍不得放弃一段情感，有些人宁愿岁月蹉跎……人总是这样，总是希望拥有一切，似乎拥有的越多，人越快乐。可是，突然有一天，我们忽然惊觉：我们的忧郁、无聊、困惑、无奈，都是因为我们渴望拥有的东西太多了，或者太执着了。不知不觉中，我们已丧失了一切本源的快乐。

放弃那段令你困惑烦恼的情感吧，既然那段岁月已悠然逝去，那个背影已渐行渐远，又何必要在一个地点苦苦守望呢？挥一挥手，果断地放弃，勇敢地向前走，前方有更美的缘分之花在为你开放！

学会放弃吧！放弃失恋的痛楚，放弃受辱的仇恨，放弃满腹的幽怨，放弃心头难以言说的苦涩，放弃费神的争吵，放弃对权力的角逐，放弃名利的争夺……

生活中，外在的放弃让你接受教训，心理的放弃让你得到解脱，生活中的垃圾既然可以不皱一下眉头就轻易丢掉，情感上的垃圾也无须抱残守缺。

学会放弃吧，朋友！许多事情需要你作出选择，而有选择就有放弃。要想得到野花的清香，必须放弃城市的舒适；要想达到梦的彼岸，必须放弃清晨甜美的酣睡；要想重拾往日羊肠小道的温馨，必须放弃开阔平坦的公路……人生苦短，若想获得，必须放弃。放弃，让你可以轻装前进，忘记旅途的疲惫和辛苦；让你摆脱烦恼忧愁，整个身心沉浸在悠闲和宁静之中。

放弃不仅能改善你的形象，使你显得豁达豪爽得到朋友的依赖，使你变得完美坚强，会带给你万众瞩目，使你的生命绚丽辉煌，还会使你变得聪明、能干和更有力量。

学会放弃吧，凡是次要的、枝节的、多余的，该放弃的都放弃吧！

其实，生活原本是有许多快乐的，只是我们常常自生烦恼，“空添许多愁”。许多事业有成的人常常有这样的感慨：事业小有成就，但心里却空空的。好像拥有很多，又好像什么都没有。总是想成功后坐豪华游轮去环游世界，尽情享受一番。但真正成功了，却没有时间没有心情去了却心愿。因为还有许多事情让人放不下……

对此，台湾作家吴淡如说得好：“好像要到某种年纪，在拥有某些东西之后，你才能够悟到，你建构的人生像一栋华美的大厦，但只有硬体，里面水管失修，配备不足，墙壁剥落，又很难找出原因来整修，除非你把整栋房子拆掉。

“你又舍不得拆掉。那是一生的心血，拆掉了，所有的人会不知道你是谁，你也很可能会不知道自己是谁。”

仔细咀嚼这段话，不就是因为“舍不得”吗？

很多时候，我们舍不得放弃一个放弃了之后并不会失去什么的工作，舍不得放弃已经走出很远很远的种种往事，舍不得放弃对权力与金钱的角逐……于是，我们只能用生命作为代价，透支着健康与年华。不是吗？现代人都精于算计投资回报率，但谁能算得出，在得到一些自己认为珍贵的东西时，有多少和生命息息相关的美丽像沙子一样在指掌间溜走？而我们却很少去思考：掌中所握的生命沙子的数量是有限的，一旦失去，便再也捞不回来了。

佛家说：“要眠即眠，要坐即坐。”这是多么自在的快乐之道啊，倘使你总是“吃饭时不肯吃饭，睡眠时不肯睡，千般计较”，这样放不下，你又怎能快乐呢?

庄子云：“人生如白驹过隙。”哲人的结论难道不能使人有些启迪吗?我们为何不提得起，放得下，想得开，做个快乐的自由人呢?

纠缠住后悔不放，则愚蠢至极

令人后悔的事情，在生活中经常出现。许多事情做了后悔，不做也后悔；许多人遇到了要后悔，错过了更后悔；许多话说出来后悔，说不出来也后悔……人的遗憾与后悔情绪仿佛是与生俱来的，正像苦难伴随生命的始终一样，遗憾与悔恨也与生命同在。

从昨天的风雨里走过来，身上难免沾染一些尘土和霉气，心中多少留下一些酸楚的记忆，这是不能完全被抹掉的。

人生一世，花开一季，谁都想让此生了无遗憾，谁都想让自己所做的每一件事都永远正确，从而达到自己预期的目的。

可这只能是一种美好的幻想。

人不可能不做错事，不可能不走弯路。做了错事、走了弯路之后，有后悔情绪是很正常的，这是一种自我反省，是自我解剖的前奏曲，正因为有了这种“积极的后悔”，我们才会在以后的人生之路上走得更好、更稳。

但是，如果你纠缠住后悔不放或羞愧万分、一蹶不振，或自惭形秽、自暴自弃，那么我们的这种做法就真正是蠢人之举了。

美国一位教师曾用一很形象的事例来教育学生摆脱徒然无益的悔恨。在课堂上她将一只装满牛奶的瓶子朝地上猛摔下去，瓶子破碎了，牛奶流了满地。她告诉学生：“你们可能对这瓶牛奶感到惋惜，可是这种惋惜已经无法使这瓶牛奶恢复原样了。因此，在你们今后的生活中发生了无可挽回的事时，请记住这摔破了的牛奶瓶。”这位教师道出了一个生活哲理：如果明知错误已经形成，而且无可挽回，却偏要去挽回，这样做是徒劳无益的。

古希腊诗人荷马曾说过：“过去的事已经过去，过去的事无法挽回。”

的确，昨日的阳光再美，也移不到今日的画册。我们需要总结昨天的失误，但我们不能对过去的失误和不愉快耿耿于怀，因为伤感也罢，悔恨也罢，都不能改变过去，都不能使你更聪明、更完美。

如果总是背着沉重的怀旧包袱，为逝去的流年伤感不已，那只会白白耗费眼前的大好时光，那也就等于放弃了现在和未来。那么，我们又为什么不好好把握现在，珍惜此时此刻的拥有呢？为什么要把大好的时光浪费在对过去的悔恨之中呢？

追悔过去，只能失掉现在；失掉现在，哪有未来！

昨天不过是历史，明天只是幻影。所以我们要竭尽全力地生活在今天。不追悔过去，也不奢求未来。世界上最珍贵的不是“得不到”和“已失去”，而是珍惜现在的幸福。

人生不简单，我们要简单地活

感恩生活，在做着自己喜欢的工作，累些又有什么关系，生活没那么简单，我们要在复杂的生活中让自己过得简单些。

在这个纷繁复杂的社会中，我们感到实在活得太累了。一道道人生难题摆在我们的面前，需要我们去破译、去求证、去解答、去挣扎。一个人的智慧和力量毕竟是有限的，面对一张张生活的大网和一团团乱麻的人生，我们往往显得力不从心，甚至有一种贫血的感觉。

其实，人生本来有很多种选择，也有很多种活法，但我们往往过于追求完美，把原本很简单的事情搞得复杂化，因而常常被弄得很苦很累很浮躁。譬如说，同是生命的个体，本是相互平等，却非要仰人鼻息、察人脸色、揣人心事，日子过得诚惶诚恐、没滋没味。本来是很容易处理的一件事，却总是谨慎有余，小心翼翼，生怕因此触动了那张敏感的关系网。一次又一次，面临人生途中的一些选择，我们本不需要动太多脑筋，却非得瞻前顾后、左顾右盼一番不可，结果丧失了最佳时机，到头来后悔不迭……

人的社会性，决定了每个个体生命都要经历一定的人和事，这就要求我们必须有正常的心态和驾驭生活的能力。其实，这个世界并不复杂，复杂的是人自己本身，只要我们心想得简单一些，生活的天空便一片明媚。

在是非面前，我们不妨简单一些。社会是一盘杂菜，形形色色，个中是非众人自有公论，道德自有评价。对此，我们不必去理会谁在背后说人，谁在人前被人说。也不必理会谁投来的一抹轻蔑，谁射过来的一瞥白眼。对那些微妙的人际关系，不妨视而不见、充耳不闻，排除一切有形或者无形的干扰，不必计较自己是吃了亏还是占了便宜。只要拥有一颗正直的心，忧国之所忧，想己之所想，不损国家，不谋私利，把家与国统一起来，我们心中的阴霾就会一扫而空，心境也会因此变得日益明朗和愉快起来。

对待得失，我们不妨也简单一些。生活对每个人都是公平的，有得就有失，有失就有得，塞翁失马，焉知非福，得与失是可以相互转化的。只要拥有一颗平常心，去善待生活中的不平事，与世无争，知足常乐，少一份嫉妒，多留一些时间和精力做自己喜欢的事，命运的光环自然会降落在你的头上。即使命不由人，也不必斤斤计较，你走你的阳关道，我过我的独木桥，你有你的活法，我有我的活法，眼睛里何必揉进一颗难受的沙子。抛去名利，放开权欲，用简单的心走过自己轻松而快乐的人生。若干年后，当我们回味起来，就不会感到寂寞，不会牢骚满腹、怨天尤人。

此外，在待人处世方面，我们也不妨简单一些。我们总是生活在一定的社会环境中，每天都要和各种各样的人打交道。对家人，对同事，对邻居，对朋友，其交往的程度还是平淡一点儿好。君子之交淡如水，何必纠缠于那些不胜其烦的繁文缛节之上。只有脱去一切伪装，善于真诚待人，相互宽容，相互帮助，心灵不设防，不要两重人格，有快乐共同分享，有困难共同分担，人与人之间就会架起一座理解与信任的桥梁，人间的真情就会开出绚丽的花朵。

生活是丰富多彩的，如晴空，如白云，如彩虹，如霞光，只要我们以简单之心去面对复杂的世界，生活的琼浆便汩汩而出，酿造出最甜最美的生活之汁。

活得简单些，这就是人生的最深内涵。

简单不是粗陋，不是做作，而是一种真正的大彻大悟之后的升华。

现代人的生活太复杂了，到处都充斥着金钱、功名、利欲的角逐，到处都充斥着新奇和时髦的事物。被这样复杂的生活所牵扯，我们能不疲惫吗？

梭罗有一句名言感人至深："简单点儿，再简单点儿！奢侈与舒适的生活，实际上妨碍了人类的进步。"他发现，当他生活上的需要简化到最低限度时，生活反而更加充实。因为他已经无须为了满足那些不必要的欲望而使心神分散。

简单地做人，简单地生活，想想也没什么不好。金钱、功名、出人头地、飞黄腾达，当然是一种人生。但能在灯红酒绿、推杯换盏、斤斤计较、欲望和诱惑之外，不依附权势，不贪求金钱，心静如水，无怨无争，拥有一份简单的生活，不也是一种很惬意的人生吗？毕竟，你用不着挖空心思去追逐名利，用不着留意别人看你的眼神，没有锁链的心灵，快乐而自由，随心所欲，该哭就哭，想笑就笑，虽不能活得出人头地、风风光光，但这又有什么关系呢？

生活未必都要轰轰烈烈，“云霞青松作我伴，一壶浊酒清淡心”，这种意境不是也很清静自然，像清澈的溪流一样富有诗意吗？生活在简单中自有简单的美好，这是生活在喧嚣中的人所渴求不到的。东晋陶渊明似乎早已明了其中的真意，所以有诗云：“结庐在人境，而无车马喧。问君何能尔？心远地自偏。采菊东篱下，悠然见南山。山气日夕佳，飞鸟相与还。此中有真意，欲辩已忘言。”简单的生活其实是很迷人的：窗外云淡风轻，屋内香茶萦绕，一束插在牛奶瓶里的漂亮水仙，穿透洁净的耀眼阳光，美丽地开放着；在阳光灿烂的午后，你终于又来到了年轻时流连过的山坡，放飞着童年时的风筝；落日的余晖之中，你静静地享受着夕阳下清心寡欲的快乐……

简单是美，是一种高品位的美。

放慢生活脚步，欣赏路边的风景

作为繁忙的都市人，你有多久没有躺卧在草地上凝望苍穹，望天空云卷云舒，看夜空繁星闪烁了？你有多久没有亲近大地观草木荣衰了？你有多久没有陪家人朋友共享一顿丰盛的烛光晚餐了？很久了吧，对不对？

现代人太忙了，忙碌烦躁，是多数人生活的写照。每天总是忙、忙、忙，越忙碌就越觉得生活茫然。不知为何要这么忙，却又是忙、忙、忙。于是，盲目，忙碌，茫然，成天游来荡去；累了，烦了，却还是摆脱不了。忙碌仿佛成了一种惯性，而一旦脱离了这种惯性，整个人又似没有了魂的幽灵，整天晃来荡去不知所措。偶尔工作的余暇有片刻的松懈，又仿佛是偷来的快乐，不敢受用。

商界一个名人在接受访时说道："我每天工作超过18个小时，常常是连吃饭的时间都在工作。"而此人得到的结果竟是吃几场官司，坐了一次牢狱，并最终于47岁英年早逝。虽然累积了几亿财富，但在世时他得到的似乎仅仅是忙碌和烦躁而已。

美国时间专家格斯勒说："我们正处在一个把健康卖给时间和压力的时代。而且这种变卖是不需要任何契约的，以一种自愿的方式把我们的健康甚至幸福抵押出去。"美国著名心理学家约翰·列夫说："当我们正在为生活疲于奔命的时候，生活已经远离我们而去。"无休止的快节奏生活给予我们物质回报的同时，也带给我们心灵的焦灼、精神的疲惫和健康的每况愈下。

忙碌已非一种状况，而成了一种习惯。没有人喜欢忙碌，但不忙碌又害怕自己会落伍，会被社会所淘汰。对于大多数人来说，淘汰的危机与发展的危机并存，因此许多人都处在不穷也不富的尴尬阶段，放弃工作便一穷二白，停下脚步便身心皆空。于是，只能马不停蹄地向前奔，只能用透支的身体作为生命中唯一的本钱，为"希望中的未来"而辛苦奔波。

没见过一个发条永远上得十足的表会走得长久，没见过一个马力经常加到极限的车会用得长久，没见过一个绷得过紧的琴弦不易断，也没见过一个心情日夜紧张的人不易得病。人们在尘世的喧嚣中日复一日地进行着各自的奔波劳碌，像蜜蜂般振动着生活的羽翅，难免会有种种不安。所以，我们何不放慢脚步，静下心来想想，每分每秒的忙碌，除了累坏了身体、增加了脸上的皱纹外，我们又得到了什么？细细品味其中的甘苦，只要我们平静地对待忙碌，适时放慢生活的脚步，轻松地放飞自己的心灵，用透明的情绪观察周围的一切，就会发现，其实，生活中除了工作之外，还有很多美好的东西在向我们招手。

花开花谢总要有个生命的周期，花开时尽情美丽，不开花时默默孕育。奔波劳苦中记着放慢脚步，低头欣赏一下路边的花草，抬头看一下远处的风景，细心体会一下生活的乐趣，会让你走得更好、更远。

放慢脚步，其实是一个养精蓄锐的过程。但这并不是说因为时间多得无聊而看更多的电视剧或是逛街来得以实现。你可能首先就要学会如何面对无聊。

如果你是一个加速狂而因此想试着慢下来，你可能会冲动地突然整个都慢下来，希望看到立竿见影的效果。改变需要时间并且永远都不是一件容易的事情，这其中必然会有一个不适应的阶段。因此，我们放慢的脚步应该不要太快，免得自己一下适应不了。

其实，适当地放慢生活的脚步并不意味着不积极进取，一个不会调适自己的人也绝对不可能是成功的人。就像一根弹簧，如果绷得太紧，到最后只会断掉，人也是一样。

忘记该忘记的，拥有洒脱人生

美国白涅德夫人曾经写过一本《小公主》，里面的主人公莎拉曾经是一个富家女，但她的爸爸突然死去，还破了产，只留下她这个10岁的小女孩。她的生活从天堂掉到地狱，每天都要干脏活、累活，还要忍受别人的讥讽和嘲笑。但她依然很快乐，她接受了这个事实，并且幻想有一天幸福会降临，从而忘记了痛苦和屈辱。当我们在面对这样的环境的时候，我们是不是也应该这样呢?

人们总是希望自己活得快乐一点儿、洒脱一点儿，可是身处尘世，放眼四周，却常常会有人说自己并不快乐，被一种不可名状的困惑和无奈缠绕着。我们为什么不快乐呢，一个重要的原因就是我们没有学会遗忘。

在日常生活中，在人生路途上，我们所欣赏到、所见到的不全是让我们愉悦而开心的风景，还会遇到种种的挫折和不幸，有些甚至是致命的打击。因此我们要学会遗忘，对于我们来说，遗忘是一种明智的解脱。一次不该有的邂逅，一场无益身心的游戏，一次不成功的使人失魂落魄的恋爱，一场让人丢失进取心的空虚幻想，这些都是我们应该从记忆的底片上必须抹去的镜头。因为我们还在人生路途上行走，我们所追求的事业、目标在前方不远处，我们刻意遗忘是为了使自己更好地赶路，使我们走得更加的轻松。

人们常常为了名利将自己弄得疲惫不堪，为此将他人对待自己的种种误解铭记于心，将别人的轻视耿耿于怀。于是，本打算给自己营造一个轻松愉悦的天地，却不料到头来反而给自己套上一个又一个精神枷锁，心里的那片蓝天在不知不觉中抹上了灰色，伴随着成长的足迹深植于心，在不经意中折磨摧残着自己。这时我们真的需要一点遗忘的精神。忧心忡忡的你不妨到大自然中去体会事物本来的神韵，净化你的心灵，化解你的悲苦，遗忘你应该遗忘的那些东西。

遗忘在某种程度上也是一种宽容的体现。作为一个普通人，也许你并没有获得人生中所谓的辉煌，也许你遭受了不应有的嘲讽和轻视，但你不必为此而苦恼，你完全可以潇洒地把它们忘掉。因为，你如果为这些烦事所忧，就永远休想获得人生的辉煌。每个人都需要有一个心灵的空间去反思自己，在这个空间里，学会遗忘可以让你感受到自己的空间清澈了许多，让琐事像漂浮物一样远离我们而去，沉淀下来的是我们对生活智慧的领悟。

学会遗忘，这并不是一件容易的事，有许多你想忘也忘不掉的悲伤、痛苦、耻辱，它们是那么的刻骨铭心。我们要以一颗平常心去对待痛苦，既然已经发生了，就应该去接受它，再忘掉它，不要为你的生活添上许多不必要的烦恼。学会遗忘吧，遗忘该遗忘的，留给自己一个清新宁静的生存空间，便会感受到欲上青天揽明月的宽阔心怀。

我们只有学会遗忘，生活才会更加美好，如果一个人的脑子里整天胡思乱想，把没有价值的东西也记存在头脑中，那他或她总会感到前途渺茫，人生有太多的不如意，更无快乐可言。所以，我们很有必要对头脑中储存的东西给予及时清理，把该保留的保留下来，把不该保留的予以抛弃。用理智过滤去自己思想上的杂质。只有清空大脑，善于遗忘，才能更好地保留人生中最美好的回忆。

忘记需要选择，有些人、有些事在你的一生中是无法忘怀的，也不该忘怀。

曾经有这样一个故事，三个好朋友在一起旅行。三人行经一处山谷时，甲失足滑落。幸而乙拼命拉他，才将他救起。甲于是在附近的大石头上刻下了：“某年某月某日，乙救了甲一命。”三人继续走了几天，来到一处河边，甲跟乙为一件小事吵起来，乙一气之下打了甲一耳光。甲跑到沙滩上写下：“某年某月某日，乙打了甲一耳光。”当他们旅游回来后，丙好奇地问甲为什么要把乙救他的事刻在石上，将乙打他的事写在沙上？甲回答：“我永远都感激乙救我，我会记住的。至于他打我的事，我只随着沙滩上字迹的消失，而忘得一干二净。”这个故事告诉我们，牢记别人对你的帮助，忘记别人对你的不好，这才是做人的智慧。

许多人喜欢这样一首白话诗：“春有百花秋有月，夏有凉风冬有雪。若无闲事挂心头，便是人间好时节。”记住某些事某些人，忘记某些事某些人，记住该记住的，忘记该忘记的，洒脱人生，心无挂碍，你便会觉得生活是如此美好。

坚持有执着的一面但非固执

生活中很多人往往把“坚持”与“固执”画等号。坚持是经过理性的分析之后才做出的决断，而固执则是非理性的。当有人向你提出某些方面的警告时，一定要学会理智正确地分析这些警告的真正含义，一方面不要因他人的错误劝解而放弃自己的目标，另一方面也不要因对方的善意且正确的规劝而固执己见，不撞南墙不回头。

科学家曾对马林鱼做过一个试验：把马林鱼放在一个水池里，水池中间用一大块透明玻璃隔着。马林鱼从一头游到中间的玻璃时，想冲过去，可是却碰到了玻璃。结果它的头被碰破了，但它丝毫没有停止的打算，接着又试图游过去。两次、三次、十多次，马林鱼碰得头破血流，但依然向着玻璃冲去。

有时候，人也会像马林鱼一样，盲目地执着于一件对自己来说不可能的事情。每个人都有自己的兴趣、爱好，都有自己擅长的技能，所以如果想在自己的弱势方面取得一定的成就，是很难的。

对于一个人来说，总有一些事情是做不到的。一个人要想成功就必须把自己的奋斗目标定位在自己所热爱的事情上，而不要选择那些毫无兴趣的事情。比如让一个不喜欢音乐的人去从事音乐创作，那他永远也写不出美妙的音符来，永远也不能靠它来生活，不能靠它有所成就。如果一个人由于读了几本文学书，就认为自己有文学素养，就要立志当一个作家，那他很可能会浪费许多宝贵的时间。

放弃那些不适合自己做的事情，放弃那些不适宜的工作，在准确地认识自己以后，了解了自己的长处和优势之后，再去定夺自己的目标。把那些用在不可能实现的事情上的时间和精力投入到适合自己干的事情上去，也许很快就能成功。即使一时成功不了，坚持下去也必会有所收获。因此，人生要学会放弃盲目的执着和固执。

如果你不愿放手那些对你无益的事情，如果你想在那些事情上消磨时光，那你就会放弃那些对你来说很重要的东西，就会放弃值得你一辈子去追求的东西。所以，该放弃一些东西的时候，就不要觉得可惜，如果不放弃它们，到头来就只能是悲剧的结果。

第三章
接纳自己，不完美才美

有一句话说，每个人都是被上帝咬过一口的苹果，所以人注定不是完美的。我们要接纳自己的不完美，允许自己犯错以及能够承受因犯错带来的批评、指责等等，允许自己在某些方面做不好不如人。

别用高标准来为难自己

生活中，常常有人抱怨活得太辛苦，压力太大，其实，这往往是因为我们还没有衡量清楚自己的能力、兴趣、经验之前，便给自己在人生各个路段设下了过高的目标，这个目标不是根据个人实际情况制定的，而是和他人比较以后制定的，所以每天为了完成目标，不得不背着责任的包袱去生活，不得不忍受辛苦和疲惫的折磨。

人首先要为自己负责任。有的人不看实际情况，要求自己必须考上名牌大学，必须学热门专业，认为这是自己的责任，只有这样才算完美人生。许多大学毕业生不愿去基层，不愿去艰苦地区，就是因为他们人生的背篓中背负太多的责任。这种以私利为出发点的个人抱负，已蜕变为一个包袱压在身上，让人喘不过气来。可有人却乐此不疲。

人们常说：“什么事都归咎于他人是不好的行为。”但真的是这样的吗？许多人动不动就把错误归咎于自己，其实这也是不正确的观念。比如说有的人因孩子学习不好而整天苦恼，因孩子没考上大学而内疚。

其实只要自己尽力去为孩子做该做的一切，若孩子因为其他原因而落榜，就不该把责任归到自己身上。再者说，塞翁失马又焉知非福呢？孩子可能在其他方面小有成就。

了解自己，做你自己，就不必勉强自己，不必掩饰自己，也不会因背负太重的责任包袱而扭曲自己。

如此，就能少一些精神束缚，多几分心灵的舒展，就能少一点自责，多几分人生的快乐。

有的人对自己和社会格格不入的个性感到相当烦恼，可是后来把它想成：这种个性是与生俱来的，是上天所赐予的，并非自己努力不够。这样一想，也就不再责备自己，不再烦恼了。

生活中有许多不快乐与抱怨，感到生活烦闷、人生不顺的时候，应该让自己明智一点，不要用“高标准”去为难自己，卸掉自己背负的沉重包袱，不再折磨自己的内心。

歌德曾经说过：“责任就是对自己要求去做的事情有一种爱。”只有认清了在这个世界上要做的事情，认真去做自己喜爱的事，我们就会获得一种内在的平静和充实。知道自己的责任之所在，并背负了恰当的适合自己的责任包袱，我们就能体会到人生旅途的快乐。

正视缺点，不苛求完美

曾经有一个印度男子娶了一个漂亮的妻子，妻子面貌秀丽，体态婀娜，两人情如金石，恩恩爱爱，简直是天生一对、地造一双。可丈夫认为妻子美中不足的是柳眉、凤眼，樱桃嘴瓜子脸蛋上却镶嵌了一个酒糟鼻，好像是艺术家的粗心，对一件原本可以傲视世间的艺术精品，少雕刻了几刀，显然是一种遗憾，她的丈夫对妻子的鼻子终日耿耿于怀。一日他路过一个奴隶市场，看到一个身材单薄、瘦小清纯的女孩，正在等待着人们挑选购买，他突然发现这个女孩的鼻子很端正，于是不惜一切地买了下来。

他花高价买到了一个鼻子很端正的女孩，兴高采烈地带回家，想给心爱的妻子一个惊喜。到家后，他用刀子把女孩的漂亮鼻子割了下来。

他拿着血淋淋又温热的鼻子对太太说："亲爱的，快出来，看我给你买回来的最宝贵的礼物。"妻子说："什么礼物值得你这样大惊小怪？"妻子从房间里出来。"你看，我给你买来了世界上最好看的鼻子，你戴上看看。"

他说完拿起刀把妻子的酒糟鼻子也割了下来，他赶紧把那只端正的鼻子嵌贴在伤口处，但是无论他如何放，那个漂亮的鼻子就是始终无法粘在妻子的鼻梁上。

这个故事告诉我们，一味追求完美，不敢正视自己的缺点是多么的可怕。

完美主义者做事的时候总是力求不存缺憾，哪怕是无关紧要的细节也不能放过，殊不知要求完美是一件好事，但是如果做过了头，反而比不完美更糟糕。

每个人都追求完美，每一个人都渴望完美，无论对别人，对自己，对环境，对工作。可这世界上能找到完美的事物吗？当有缺点时，不如正视它吧，不完美也是一种美！

福特公司的总裁曾在全体员工面前亮出他自己的缺点，列举了五大点：

第一，我太在意时间。因此，我常常过分系统化，一时之间想完成太多的事，因而进度落后，不免焦躁或恼怒。

第二，我绝对公私分明。这使我看来不通人情，对与公事无关的个人小事毫无兴趣。

第三，我不注重细节。我有点大而化之，宁可将事情简化。当进行一件重大的计划时，我常把可能延误或阻碍整件方案的问题摆在一边，先将事情做成，最后再来处理这些细节。这种做法使我不至于在旁枝末节的崎岖小径里迂回打转，绕不出来；但是也可能因考虑不周全，失去一些机会或造成不必要的误解。

第四，我要求的价码太高。平常我觉得这是个优点，但可能也吓跑了一些我应当跟他交往的人。

第五，我很爱吃东西。美味当前，我总是先吃了再说，吃完之后再来担心。

福特公司的总裁并没有因亮出自己的缺点而让员工瞧不起，相反，员工们更佩服他了。

那么，你是否也想想自己的缺点呢？你能不能诚实地指出自己在个性、态度、行为上的短处呢？

正视缺陷，有些缺点恰好是一种美丽的优点，不经意间铸就了另一种人生。生命中小小的残缺，如同维纳斯女神一样，正是因为有了断臂这份缺陷而变得更加真实特别，更加美丽动人，更加大气典雅，美得更加令人心醉神迷……

不为迎合别人而活

环顾我们周围，不难发现，要想使每个人都对自己满意，是不大可能。我们不可能顾及每一个人，如果有50%的人对你感到满意，这就算一件令人高兴的事情了。只要看看西方的大选就够了：即使获胜者的选票占多数，但也还有40%之多的人投了反对票。因此，对一般的常人来讲，不管你什么时候提出什么意见，都会有50%的人可能提出反对意见，这是一件十分正常的事情。

当你认识到这一点之后，你就应该从另一个角度来看待他人的反对意见了。当别人对你的话提出异议时，你也不会再因此而感到不安，或者为了赢得他人的赞许而改变自己的观点。你应该意识到他只是与你意见不一致的50%中的一个人。

只要认识到你的每一个决定总会遇到反对意见，那么你就可以摆脱情绪低落的困扰。当我们做事之前已经料想到某种后果，一旦出现这种后果时，你就不会出现很大的情绪波动，或者措手不及。因此，如果知道会有人反对自己的意见，你就不会自寻烦恼，同时也就不会再将别人对你的某种观点或某种情感的否定视为对你整个人的否定。当然，如果你坚信自己是正确的，就更不应该因为别人的看法而改变自己的决定，你就是你自己，没有必要为了迎合别人而活着。

美国著名女演员索尼亚·斯米茨的童年是在加拿大渥太华郊外的一个奶牛场里度过的。

当时她在农场附近的一所小学里读书。有一天，她回家后很委屈地哭了，父亲就问原因。她断断续续地说："班里一个女生说我长得很丑，还说我跑步的姿势难看。"父亲听后，只是微笑。忽然他说："我能摸得着咱家天花板。"正在哭泣的索尼亚听后觉得很惊奇，不知父亲想说什么，就反问："你说什么？"

父亲又重复了一遍："我能摸得着咱家的天花板。"

索尼亚忘记了哭泣，仰头看看天花板。将近4米高的天花板，父亲能摸得到？她怎么也不相信。父亲笑笑，得意地说："不信吧？那你也别信那女孩的话，因为有些人说的并不是事实。"

索尼亚就这样明白了，不能太在意别人说什么，要自己拿主意。她在二十四五岁的时候，已是个颇有名气的演员了。有一次，她要去参加一个集会，但经纪人告诉她，因为天气不好，只有很少人参加这次集会，会场的气氛有些冷淡。经纪人的意思是，索尼亚刚出名，应该把时间花在一些大型的活动上，以增加自身的名气。索尼亚坚持要参加这个集会，因为她在报刊上承诺过要去参加，"我一定要兑现诺言"。结果，那次在雨中的集会，因为有了索尼亚的参加，广场上的人越来越多，她的名气和人气因此骤升。后来，她又自己做主，离开加拿大去美国演戏，从而闻名全球。

自己拿主意，当然并不是一意孤行，而是忠于自己，相信自己。坎坷人生，很多时候我们都要自己拿主意。

美国历史上著名的总统林肯，在他上任后不久，有一次将六个幕僚召集在一起开会。林肯提出了一个重要法案，而幕僚们的看法并不统一，于是七个人便热烈地争论起来。林肯在仔细听取其他六个人的意见后，仍感到自己是正确的。在最后决策的时候，六个幕僚一致反对林肯的意见，但林肯仍固执己见，他说："虽然只有我一个人赞成，但我仍要宣布，这个法案通过了。"

表面上看，林肯这种忽视多数人意见的做法似乎过于独断专行。其实，林肯已经仔细地了解了其他六个人的看法并经过深思熟虑，认定自己的方案最为合理。而其他六个人持反对意见，只是一种条件反射，有的人甚至是人云亦云，根本就没有认真考虑过这个方案。既然如此，自然应该力排众议，坚持己见。因为，所谓讨论，无非就是从各种不同的意见中选择出一个最合理的。既然自己是对的，那还有什么犹豫的呢？

完美不是一个绝对的概念

一个硬币有正反两面，一个人也有优缺点，没有谁能够成为完美的人，因此我们不要用人生短暂的光阴去盲目追求完美。

事实上，我们是不完美的，可以形容为是上帝咬过一口的苹果，然后丢弃在了人间。我们要想实现完美，就好像大海捞针，最后只会徒劳无功。

勇敢的人往往缺少智慧，聪明的人往往缺少勇气，豪爽的人往往心思过疏，谨慎的人往往怀疑过头……一种阳光性格的另一面必然是阴影，我们又怎么能达到完美呢？

我们不要求达到生活的完美。生活本身应该有些风浪，风浪正是我们出航的助力。如果我们生活在一帆风顺中，我们不会增长自己的才干，同时也很难体验生活的乐趣。

有一个人从来没有出过海，他的朋友约他一起前往。他有点犹豫，害怕翻船。朋友在好说歹说地规劝他：“如果你总是这么杞人忧天，还不如从一出生就躺在床上，这样什么危险也没有了。”这个人终于禁不住朋友的劝告，于是两人一同前往。

刚开始时，大海风平浪静，两人觉得心旷神怡。没过多久，风浪就来了。船有些摇摇晃晃，这人有些紧张，朋友告诉他说没什么可担心的，这是常有的事情。这个人的情绪才有些舒缓。果然，没过多长时间，风浪就平息下来了。等他们回到家的时候，他对朋友说：“虽然有点惊险，但是还真有趣。”朋友呵呵一笑。

我们的生活何尝不是这样？当我们年轻的时候，我们畏惧这个风险，担心那个风险。当时就有过来人告诉我们说，一切顺其自然。事实证明，我们担忧的90%的事情都没有发生。我们回过头去看那段生活的时候，发现经历了这样的日子，生活才变得丰富起来，连痛苦的经历都成了美好的回忆。

生活就是这样，不可能完美，不可能一帆风顺。我们也没有必要追求完美，追求一帆风顺。我们要追求的是适应和驾驭生活的能力，就像我们在大海上，要做的是适应和驾驭那条摇摇晃晃的船，以及面对风浪所具备的应对能力。我们没有办法祈求上天给我们一个完美的生活，我们应该依靠的是自己。

我们不要求达到事业的完美。追求事业的完美容易陷入空谈，因为事业成功的关键因素在于你的资源和你的事业是否匹配。没有资源，一切都是枉然，只能陷入空谈。因此我们发展自己的事业，不要想着一开始就做大事。事实上，事业的起步往往是从小事情做起的。如果一个人觉得小事情琐碎，不屑于去做，那么他也不大可能会做大事情。任何庞大的机器都是由一个个部件组成的，这些部件的运转如何直接决定了机器的运转。大事情也是由一堆小事情有机组合而成的，因此做好小事情，就成为成功运转大事情的基础。

一位才思敏捷的牧师对公众作了一场精彩的演讲，最后他以肯定自我价值作为结尾，强调每个人都是上帝眷顾的宝贝，每个人都是从天而降的天使。活在这个世上，每个人都要用好上帝给予的独特恩赐，去发挥自己最大的能力。

听众当中有个人不服牧师的说法，站起身来，指着令自己不满意的扁塌鼻子，说道："如果像你所说，人是从天而降的天使，请问有哪个完美的天使长着塌鼻子呢？"

另一个嫌自己腿短的女子也起身表示同样的意见，认为自己的短腿不是上帝完美的创造。

牧师轻松而自信地回答："上帝的创造是完美的，而你们俩人也确实是从天而降的天使，只不过……"

他指了指那名塌鼻子的男子，说："你降到地上时，让鼻子先着地罢了。"

牧师又指着那嫌自己腿短的女子，说："而你，虽是脚先着地，却在从天而降的过程中，忘了打开降落伞。"

俗话说，"金无足赤，人无完人"。故事正是说明了这个道理。人生确实有许多不完美之处，每个人都会有这样那样的缺憾，真正完美的人生活中是不存在的，即使是中国古代的四大美女，也有各自的不足之处。据历史记载，西施的脚大，王昭君双肩仄削，貂蝉的耳垂太小，杨贵妃还患有狐臭。道理虽然浅显，可当我们真正面对自己的缺陷、生活中不尽如人意之处时，却又总感到懊恼、烦躁。

其实，完美的标准是相对而言的，因人的审美观不同而不同，今天以肥为美，明天就可能以瘦为美。古人以脚小为美，如果今天有"三寸金莲"走在大街上，路人肯定会笑掉大牙。

追求完美没有错，可怕的是追而不得后的自卑与堕落。即使缺陷再大的人也有其闪光点，正如再完美的人也有缺陷一样。能够充分发挥自己的长处，照样可以赢得精彩人生。正如清朝诗人顾嗣协所说：“骏马能历险，犁田不如牛。坚车能载重，渡河不如舟。舍长以就短，智者难为谋。生才贵适用，慎勿多苛求。”

勤能补拙，先天的不足同样可以用后天的努力来弥补。孙膑因被刖足而作《孙子兵法》，司马迁因受宫刑而作《史记》。王羲之从小口吃，为了弥补这个缺陷，乃发愤读书，终于书法冠绝古今，成为书圣。

缺陷并不可怕，完美也没有十分。面对不足，采取泰然处之、宽容的态度，生活中便会少一分烦恼，多一片笑声。

但丁曾说，尽心就意味着完美。在做任何一件事情时，只要我们抱着“没有最好，但有更好”的态度，用心去做事就可以了。对于那些缺憾，我们只要把它当作教训，引以为戒，并以此来激发下一步的行动，完全不必把它过于放在心上。

完美主义是一朵罂粟花

罂粟花看似美丽，但它背后却是一个黑洞。完美主义就犹如这罂粟花一样美丽、诱人，大家都在追求它。可是完美的东西是不存在的，有些人为了追求这虚无缥缈的东西而走火入魔。当完美主义到了一种极端的状态是非常可怕的，认为任何东西不能存在不完美，必须要完美无缺不可，越是完美就越觉得不完美，就越觉得痛苦。适度的完美主义是有益的，但如果到了一种极端的地步，就像美丽的罂粟花一样，外表美丽，背后却是万丈深渊，甚至是一种心理疾病。

完美主义的问题正是在于“恐惧缺憾”，害怕令人失望从而避免感到内疚，因此也是一种心理疾病。

玛丽一直是一个追求完美主义的人：工作做得得心应

手，一路高升；与上下级相处融洽，在纷繁的人事关系中游刃有余；生活中的大事小事，事前会做出合理安排，不出差错；多年来一直保持苗条身材，体重上下幅度精确到500克……

可在准备与人约会的时候却出了问题。她用两个多小时去做发型、精心化妆和仔细挑选衣着，但始终觉得不满意，最后沮丧地取消了约会，谁也没见。

像玛丽这样就属于典型的一种病了。耶鲁大学心理学教授高兰·沙哈博士说："这是一种'流行病'，我们所处的社会对人们提出的要求就是：不断做出成绩。"这些完美主义者们即使事情最终成功地完成，也还是不会快乐，他们更在乎的是："那又怎么样呢？""接下来的事情能成功吗？"这些人总是对自己提出很高要求，久而久之，便会积郁成疾。

完美主义者不管对人还是对事，都高标准、严要求，力争尽善尽美。心理学将完美主义者分为三种类型：

一是"要求他人"型，为别人设下高标准，不允许别人犯错误，这类人往往人际关系糟糕，婚姻一般会遭遇失败。

二是"要求自我"型，给自己设下高标准，而且追求完美的动力完全是出于自己，这类人容易陷入自我批判和情绪沮丧之中。

三是“被人要求”型，总感觉别人对自己有更高的期望，于是为之不断努力，这类人则容易陷入抑郁，甚至会产生自杀的想法。

心理学家的治疗方法之一，是让患者换一种新的思路，即尝试不完美。比如一位女性，她总是苛求自己在角色中做得更好些。于是，心理学家便告诉她，每天工作的时间不要超过下午5点，而以前她会一直工作到7点。不用天天都在家里吃自己做的饭，可以固定安排一顿晚饭在外面吃。慢慢地，便有所改变。

最后，忠告那些完美主义者，在这个世界上，没有人能够做到完美。我们至多能做到接近完美，或更接近完美。做任何事情的时候，都需要时时刻刻忍受各种各样的不完美，否则任务根本无法完成。就算最终完成，结果也常常是不完美的。生活本身就不完美，谁的生活都是伴随着风风雨雨，你不接受也不行。这就是生活的真实性。

八分生活幸福哲学

如今，在中国台湾和日本流行“八分生活学”。所谓八分生活哲学，就是指无论生活还是工作，不再苛求全力投入，十分力气使上八分，不必每件事情都做到十全十美，适可而止就好。

1. 心态上

改变完美主义，什么事情并不一定都要做到十全十美才算满意，适可而止就好。一个人追求完美并没有什么错，但是心理学家们在过去几十年的研究中发现，过分追求完美的心态对人的身心伤害会很大。不要再给自己提出远大目标、高标准严要求地对待自己，因为他们在这种心理状态下提出的目标和要求，往往是不切实际的，所以很容易遭遇失败，打击和折磨的正是他们自己。

2. 工作上

八分工作并不是指工作不认真、不努力，而是告诉人们工作到八分的时候，就要休息一下。连续工作两小时以上，就要停下来休息一会儿，可以简单地锻炼一下手臂，使紧张的肌肉得到放松，或者闭上眼睛冥想两分钟，帮助大脑回到最佳状态。从而，再次投入到工作中去。此外，它还要求我们首先对所从事的工作抱有积极乐观的态度。其次，要有计划性。这样，才能更加得心应手地完成工作。

3. 生活上

让自己住在一个离城市很远、离心灵很近的地方——郊区。城市中心车辆多、污染大、空气不新鲜、人多、绿化面积小、建筑密度大、活动空间小，再加上工作压力大，这会使得很多人都在不知不觉中处于亚健康状态。

4. 感情上

当你爱一个人的时候，爱到八分绝对刚刚好，剩下两三分用来爱自己。一方面，如果你还继续爱得更多，很可能会给对方沉重的压力，让彼此喘不过气来。另一方面，太爱一个人，会被他/她牵着鼻子走，如被魔杖点中，完完全全不能自已。从此，没有了自己的思想，没有了自己的喜怒哀乐，进而忘记了理性的存在。放轻松一点儿，给对方一点儿空间，也给自己一点儿空间，永远不要忘记独立人格的宝贵。

5. 饮食上

饮食上八分是指烹饪八分熟就好，烹调时用八分油、八分盐，吃到八分饱。因为如果这些都达到十分的时候，那就有可能会起到不好的作用。比如盐要是摄取太多，就会加重肾脏的负担。如果吃得太饱，就会加重肠胃的负担。八分饮食不在于食材的昂贵稀有，而是注重食材的搭配和谐、餐具的简洁干净、背景音乐的悦耳以及人们用餐时的心境。

以上便是我们提倡的八分生活哲学。历史上的大家曾国藩曾经有一句著名的家训“花未全开月未圆”，正是“八分生活学”的最佳写照。不过满、不极端、不偏执，主张以十分的努力收获八分的希望，以宽松的心境度过每一天，以适度的方式应对世事，带来人生平衡和良性循环。

第四章

所有的失去，都会以另一种方式归来

生活中，我们总是会拥有很多东西，但同时也会失去很多东西。一个人不可能毫无失去就能完全拥有，那不是真正的生活。有时失去意味着另一种获得，有时失去让我们发现还有其他美好的事物依然存在，也因此，这样的获得和存在会更让人珍惜。

有价与无价的区别

威尔·罗吉士是非常著名的幽默大师，他整天都是快乐的——即使在他失去什么东西的时候。这一方面得益于他乐观豁达的性格，更重要的是他懂得如何用一颗平常心去看待得与失。

1898年冬天，威尔·罗吉士继承了一个牧场。

有一天，他养的一头牛为了偷吃玉米而冲破附近一户农家的篱笆，最后被农夫杀死。依当地牧场的共同约定，农夫应该通知罗吉士并说明原因，但是农夫没有这样做。

罗吉士知道这件事后非常生气，于是带着佣人去找农夫理论。

此时，正值寒流来袭，他们走到一半，人与马车全都挂满了冰霜，两人也几乎要被冻僵了。

好不容易抵达木屋，农夫却不在家，农夫的妻子热情地邀请他们进屋等待。罗吉士进屋取暖时，看见妇人十分消瘦憔悴，而且桌椅后还躲着五个瘦得像猴子的孩子。

不久，农夫回来了，妻子告诉他："他们可是顶着狂风严寒而来的。"

罗吉士本想开口与农夫理论，忽然又打住了，只是伸出了手。

农夫完全不知道罗吉士的来意，便开心地与他握手、拥抱，并热情邀请他们共进晚餐。

这时，农夫满脸歉意地说："不好意思，委屈你们吃这些豆子，原本有牛肉可以吃的，但是忽然刮起了风，还没准备好。"

孩子们听见有牛肉可吃，高兴得眼睛都发亮了。

吃饭时，佣人一直等着罗吉士开口谈正事，以便处理杀牛的事。但是，罗吉士看起来似乎忘记了，只见他与这家人开心地有说有笑。

饭后，天气仍然相当差，农夫一定要两个人住下，等转天再回去，于是罗吉士与佣人在那里住了一晚。

第二天早上，他们吃了一顿丰盛的早餐后，就告辞回去了。

在寒流中走了这么一趟，罗吉士对此行的目的却闭口不提。在回家的路上，佣人忍不住问他：“我以为，你准备去为那头牛讨个公道呢！”

罗吉士微笑着说：“是啊，我本来是抱着这个念头的，但是，后来我又盘算了一下，决定不再追究了。你知道吗？我并没有白白失去一头牛啊！因为，我得到了一点人情味。毕竟，牛在任何时候都可以获得，然而人情味，却并不是很容易得到。”

世界不是缺少美，而是缺少美的发现。人改变了角度，也就重新发现了一个新奇的世界，世界其实仍然是那个世界，太阳不会因为人们的视觉改变而成为月亮。我们拥有一个共同的世界，但我们却拥有不同的世界观。对这个世界也有着不同的认识，不同的理解和看法。每个人都有一双眼睛，用以分辨事物，这是自然的造化。每个人还有一双眼睛，它不是长在脸上，而是长在心中，这就是心智的眼睛。

这双眼睛比另一双更重要，它告诉我们该如何看待身外的世界，如何看待自己。

故事中的罗吉士，失去了一头牛，却换得农夫一家人的笑容和幸福，这段经历，更让他懂得生命中哪些东西才是无价的。

以一颗平常心看待自己失去的东西。因为在我们失去的同时，也许在其他方面已经得到了更加宝贵的东西。

失去，焉知非福

犹太人有段谚语很有意思：如果断了一条腿，你就该感谢上帝没有折断你的两条腿；如果断了两条腿，你就该感谢上帝没有扭断你的脖子；如果断了脖子，那也就没有什么好担忧的了。

从前有个国王喜爱打猎。有一次在追捕猎物时，不幸弄断了一节食指。国王剧痛之余，立刻召来智慧大臣，征询他们对意外断指的看法。智慧大臣仍轻松自在地对国王说，这是一件好事，并请国王往积极方面去想。

国王闻言大怒，以为智慧大臣幸灾乐祸，即命侍卫将他关到监狱。

待断指伤口愈合之后，国王又兴冲冲地忙着四处打猎，却不料祸不单行，又被丛林中的野人活捉。

依照野人的惯例，必须将活捉的这队人马的首领献祭给他们的神。祭奠仪式刚开始，巫师发现国王断了一截食指，而按他们的部族的律例，献祭不完整的祭品给天神，是会遭天谴的。野人连忙将国王解下祭坛，驱逐他离开，另外抓了一位大臣献祭。

国王狼狈地回到朝中，庆幸大难不死。忽而想起智慧大臣所说，断指确是一件好事，便立刻将他从牢中放出，并当面向他道歉。

智慧大臣还是保持他的积极态度，笑着原谅国王，并说这一切都是好事。

国王不服气地质问："说我断指是好事，如今我能接受；但若说因我误会你，而将你关在牢中受苦，难道这也是好事？"

智慧大臣微笑着回答："臣在牢中，当然是好事，陛下不妨想象，如果臣不在牢中，那么，今天陪陛下打猎的大臣会是谁呢？"

生活中，我们总是会拥有很多东西，但同时也会失去很多东西。一个人不可能毫无失去就能完全拥有，那不是真正的生活。有时失去意味着另一种获得，有时失去让我们发现还有其他美好的事物依然存在，也因此，这样的获得和存在会更让人珍惜。

如果我们失去了太阳的照耀，还有星星和月亮的拥抱；如果我们失去了山的磅礴雄伟，还有海的博大精深；如果我们失去了金钱的享受，还有亲情和友情的温暖；如果我们失去了权力，还有人性的纯朴；如果我们失去了雨露的滋润，还有江河的灌溉；如果我们失去了生命，还能和大地亲吻，在微笑中笑看新生命的诞生……

生活有时也会因为一些失去反而变得更完美。失去了，我们还可以争取找回来，如果找不回来，还可以去发现新的更好的。当我们失去爱人，别忘了还有夏天的热烈，可以让我们再次寻找；当我们失去爱心，别忘了还有春天的温馨，而春还能让我们找回那颗爱之心；当我们失去了希望，别忘了去秋天的收获中寻觅；当我们失去意志，别忘了还有冬天的坚韧让我们锤炼……所有失去的都会以另一种方式归来。

残缺中往往孕育强大的灵魂

我们都知道身体有缺陷的人，并不一定远离成功。身体的缺陷虽然会对个体造成很多阻碍，但是这些阻碍却不是不能超越的。只要心灵足够强大，能够运用其能力设法克服困难，那么这些人就有可能和那些承受较少负担的正常人一样取得成功。

我们也许为生活奔波疲惫不堪，心中的郁闷得不到发泄，可当我们放弃那些无谓的烦恼时，就会感到真的没必要为小事发愁，况且有些烦人的事情是自己所无法控制的。

滑稽明星斯格特小时候因为有个大鼻子，在学校同学们都嘲笑他是“大鼻子斯格特”。他为此而自卑，整天闷闷不乐，从不和同学一起玩，集体活动也从不参加，没事他就看室外的风景。

数学老师玛丽亚注意到了整天忧郁的斯格特，有一天下课后，她发现斯格特又趴在窗户前，于是她就走到斯格特身边问：“你在看什么呢？”

“有个人埋葬了一条小狗，多可爱的小狗啊，它真可怜。”斯格特悲伤不已。

“这情景太让人伤心了，不如我们到另一扇窗户那儿去看看吧。”玛丽亚拉着斯格特的手来到另一扇窗户边，她推开窗子问道，“孩子，你看到了什么？”

窗外是一个花坛，花坛里的花在阳光的照射下显得格外灿烂芬芳，斯格特的心情豁然开朗，所有悲伤一扫而光。

“孩子，你看，你选错了应该打开的窗户。”玛丽亚指指窗外的美景，抚摸着小男孩的头说，“你没发现吗，其实你的鼻子很可爱，至少我是这么认为的。”

“但大家都笑我啊。”小男孩还是很难过。

“你可以换一扇窗户的，你可以试着向大家展示你鼻子可爱的一面啊。”

不久，学校举行了一个小型话剧演出，玛丽亚鼓励斯格特扮演一个很适合他的角色。

在玛丽亚的帮助下，斯格特的演出获得了成功。在演出中他由于大鼻子而博得满场喝彩，学校里的每个人都知道了这个大鼻子小明星。

众所周知，后来，斯格特长大后成了好莱坞里最受欢迎的滑稽明星之一。

残缺中往往孕育着强大的灵魂，斯格特正是有了这份残缺，才使得他获得属于自己的成功。很多艺术家都遭受过缺陷之苦，比如年代虽然离我们较为久远但仍耳熟能详的《二泉映月》的演奏者盲人阿炳，以及近年在春晚一炮而红的《千手观音》中美丽的舞者们等，这些人虽然身有缺陷，却通过自己的努力取得了巨大的成就。他们为什么能够将心灵建设得如此美好呢？因为在被我们所熟知之前，他们的身心已经接受了我们难以想象的锤炼。

我们这些身体健全的，被上帝赋予了更多恩赐的人，应该珍惜我们的所有，向那些身有缺陷，却依靠自己强大的心灵控制能力取得成功的人学习。

阿德勒这样说过：“身体有缺陷的儿童，尽管遭受到许多困扰，他们却经常比身体正常的人有更大的成就。身体障碍是一种能使人向前迈进的刺激。”究其原因，这些人是因为身体的缺陷，让他们即使拥有强大的心灵，也必须要付出更多的心力，才能使他们的肉体趋向优越，从而达成相同的目标。但是佼佼者的力量在这时就起了作用。他们用事实鼓舞着和自己同样遭遇的伙伴，告诉他们尽管身体的缺陷造成了许多阻碍，但是这些阻碍却绝不是无法摆脱的命运。

所以，“只要心灵能找到克服困难的正确方式，有缺陷的器官甚至能成为重大的利益来源”，成为阿德勒人生哲学重要的一部分。我们当然不能说是身体的缺陷给他们带来了成功，但是从某种程度上讲，缺陷让一些人把自己的心灵建设得更坚固，生活的意义也更明确，而这些正是走向成功所必需的品质。

换个角度，糟糕并非绝对

小李从小生活在一个环境很好的家庭，备受父母宠爱。后来考上了大学，读了一个自己喜欢的专业。毕业后也没费什么周折，进了一家大型企业。那年，他才20岁，尚是一个毛头小伙子。

他满怀希望和信心地走上了工作岗位。然而，接下来的一切却让他始料未及：单位的人际关系非常复杂，而他却是那么单纯，甚至有些天真，他说话做事都率性而为，不懂得收敛。渐渐地，他听到了一些议论，说他年轻气盛，做事毛躁等等。从小就养尊处优惯了的他，那一段日子很是沮丧。

他回家把在单位遇到的种种不愉快说给父亲听。他的父亲给他讲了一个故事：有一个人在一次车祸中不幸失去了双腿，那个人的亲戚和朋友都来慰问，表示了极大的同情。而他却回答道："这事的确很糟糕。但是，我却保存下了性命，并且我可以通过这件事认识到，原来活着是一件多么美好的事情——而以前我却从未这样清醒地认识过。现在，你们看，我不是一样顺畅地呼吸，一样欣赏天边的云朵和路边的野花？我失去的只是双腿，但却得到了比以前更加珍贵的生命。"

"这个遭遇车祸的人是个智者，他知道失去了双腿是一件已经发生的事实，哪怕再痛苦也改变不了。所以，他换了一个角度，同样一件事情，他能够找到积极的那一面。而你，"他的父亲顿了顿，接着说，"和同事之间相处得不愉快，作为一个刚刚走上社会的新人来说也是正常的。单位毕竟不是家庭，会有各种各样的矛盾。你应该换个角度，把这种不愉快看作是对自己的砥砺，通过这种磨炼可以使自己尽快成熟起来。从这个角度看，你现在所面临的境况，恰恰是你成长过程中的一笔财富。"

父亲的一番话让他豁然开朗。回到单位之后，每当再遇到不顺心的事情，他就想：换个角度，这是一件好事情，它至少说明我有不足甚至不对的地方，我得改正自己。如果确实不是他自己的问题，他也不再像以前那样气恼，而是想：换个角度，说明别人对我的要求比较高，我得加把劲儿。同样的一件事情，过去给他带来的是烦恼、苦闷，而现在带给他的，则是积极向上的动力。

世上万物，生命最为宝贵，人生的乐趣在于奋斗和创造中，在于不断克服困难前进的过程，它使人产生成就感和荣誉感，使人充分享受作为万物之灵的人类不断战胜神秘而广大无际的宇宙的能力的自豪，不断超越自我、挑战自我的进取心。金钱、地位、荣耀和物质享受虽然能满足一时的心理和口腹的享受，却填补不了心灵的空虚和思想的苍白。

两千多年前的老子，清醒地认识到人类贪欲自私的弱点，告诫世人要千万注意，不要因争名逐利而丧身，要克制自己的欲望，“见素抱朴，少私寡欲”。顺应自然，知足知止，要知道“甚爱必大费，多藏必厚亡”的道理，物极必反，过分的爱惜会导致极大的耗费，过多的敛取必定导致重大的损失，盛极而衰，是历史所证明了的。所以，在名与利、得与失上，要时时刻刻保持清醒的头脑和明智的选择，只有这样，才可以“知足不辱，知止不殆”，你的生命、名声、利益才可以长久。

吃了亏的人说：吃亏是福。

丢了东西的人说：折财免灾。

逃过一劫的人说：大难不死，必有后福。

受人欺负的人说：不是不报，时候未到。

卸任的官员说：无官一身轻。

生不逢时的人常常用阿Q的话说：先前比你阔多了。

没钱人的太太说：男人有钱就变坏。

惧内的丈夫说：有人管着好呀，啥事都不用操心。

夫不下厨，妻跟人说：整天围着锅台转的男人没出息。

住在顶楼的说：顶楼好啊，上下楼锻炼身体，空气新鲜，还不受人骚扰。

住在一楼的人说：一楼好啊，出入方便，省得爬楼梯，怪累的。

被老板炒了鱿鱼，他对人说：我把老板炒了。

倘若你的心境因凡尘变得支离破碎，请别消极，请尝试站在新的角度，以一种积极健全的心态去对待生活中的点点滴滴。也只有这样，我们才能轻松、愉悦地走过人生的风风雨雨！

有时绝望孕育着希望！失去意味着新收获的来临！当你面对生活中的不如意时，不要放弃，不要以为迎接自己的就是失去，要拿出自己的平常心，也许换个角度，就跨越了得与失的界限。

你吃的亏，都会补回来

吃亏是福。一直以来就有这样的说法：破财免灾，吃亏是福。事实也是如此，在人生的路上，如果我们能够以博大的胸怀，忍受一些“吃亏”，或许意外的好运就在眼前。退一步海阔天空，吃一点亏或许会带来好运。凡成就大事业者，无一不具备洒脱的情怀，或许正是由于他们的这种英雄般的人生态度，才会让他们的“好运”连连。

在表面上看，吃亏确实是一种损失。不过有失必有得，有时候你的“小失”却为你换来了“大得”。一个年轻人刚大学毕业就进入某一产品的销售部，负责产品推广。他拥有一流的口才，但更可贵的是他的工作态度和吃苦精神。那时公司正在着手新产品的销售渠道，新老产品都同时赶着销售，每一位员工都很忙，但领导并没有增加人手的打算，于是负责旧产品销售的人员总是被指挥去新产品销售团队帮忙。不过整个销售部只有那个年轻人欣然接受老板的指派，其他的都是去一两次就抗议了，觉得跨越了自己负责的范围。那些觉得有社会经验的老将们有意无意地嘲笑他傻，他听了以后则不以为然："吃亏就是占便宜嘛！"

老员工们很奇怪，他有什么便宜可占呢。总是看到他跟个苦力一样四处奔波，为新产品贴广告，发传单，暗自想这真是一个傻人。后来他又常去下层生产部，参与现场的生产，只要哪缺人手，他都乐意去帮忙。

两年过后，正是这位被嘲笑的傻人，积累了很多经验，自己成立了一家设备销售公司，虽然规模不大，但是前景很乐观。原来他是在以前公司任劳任怨的时候，把销售公司的基本流程都看懂了，这样说来，他真的是占了大便宜啊！现在，他仍然抱着这样的态度做事，对下属、对客户、对合作方，他都以吃亏来换取合作者和客户的信任，换来下属员工的一致拥护。这样的高尚修养使他在年轻一辈中脱颖而出。

坦然地面对吃亏，并接受它是一把成功的钥匙。有时候一点点额外的付出，既赢得了他人的感激，也赢得了他人的信任，何乐而不为呢?

可见，吃亏不再是普通意义上的利益损失，更多地表现为一种气度，一种给予。这种面对利益得失的淡泊，能够审时度势的气魄才是大将的风范。管鲍之交的故事我们早有所耳闻：旁人都说管仲在占鲍叔牙的便宜，但是鲍叔牙却处处为管仲说话，并且推荐管仲做宰相。鲍叔牙不计得失，才交到一位人生挚友，也为国家寻觅到一位将相之才。史书上写道：当年大禹治水，三过家门而不入，牺牲了个人的家庭利益，而为民谋福，终得大众之心，将其拥护为帝。所以懂得付出，不在乎吃亏的人反而能够得到更多的补偿，而那些处处要小聪明，锱铢必较，只想得到不愿付出的人，必定是平庸之辈。

今天吃点亏，或许就能在明天换来一些拥护和帮助。人生在世，要把眼光放长远。如果总是计较眼前的利益得失，恐怕好运也不会来光顾你。

第五章

现在吃的苦，终将照亮前行的路

人的一生没有谁是一帆风顺的，苦难是必经的。我们每个人认真审视自己的内心，总会欣然发现，点燃自己灵魂之光的，往往正是一些困苦的境遇或事件。因为我们现在所有吃过的苦，终将铺就前行的路。

苦难，人生必经之路

俄国作家列夫·托尔斯泰说："人生不是一种享乐，而是一桩十分沉重的工作。"月有阴晴圆缺，人有旦夕祸福，人生不可能永远一帆风顺。人生旅程，如同穿越崇山峻岭，时而风吹雨打，困顿难行，时而雨过天晴，鸟语花香。当苦难当道时，有的人自怨自艾，意志消沉，从此一蹶不振；而有的人则不屈不挠，与苦难作斗争，他们是生活的强者。

苦难是人生的必修课，强者视它为垫脚石，视它为一笔财富，他们的成绩是优秀；弱者视苦难为绊脚石、万丈深渊，被它压垮，他们的成绩是不及格。天降大任于人，必先苦其心志。苦难是人生的沃土，是磨炼意志的试金石。不经三九苦寒，哪来傲雪梅香？没有曹雪芹贫困潦倒的磨难，哪里会有《红楼梦》？司马迁不忍受宫刑，就不会有举世不朽的《史记》；没有苦难，就没有激励几代人的《钢铁是怎样炼成的》。苦难从古至今都是人生的一笔宝贵财富。勇者在苦难面前永远都不会低下高贵的头。

“经营之神”松下幸之助从不向命运低头。9岁时，因为家境贫困，他不得不外出赚取生活费。他远赴大阪谋职，母亲为他准备好行囊，并送他到车站。临行前，母亲饮泣地向同行的人诚恳地拜托：“这个孩子要单独去大阪，请各位在旅途中多多关照。”母亲悲凄的背影给了他深刻的印象。

不久，松下幸之助来到大阪，在船场火盆店当学徒，从此开始了艰苦的谋生。小小年纪，远离亲人，在那个陌生的世界里他感到孤单无助，似乎丧失了生活的信心。

有一次，店主叫住他，递给他一个五钱的白铜货币，说是薪水。他吃惊极了，他从来没有见过五钱的白铜货币，这对穷人家的孩子来说，是一个相当可观的数目。报酬激起了他工作的狂热，也扬起了他奋斗的风帆。

靠着不可思议的欲望的支持，他变得更坚强。他不辞辛苦地打杂，磨火盆。有时，一双手被磨得皮破血流，连提水打扫的活儿都干不了，但他咬牙挺了下来。渐渐地，松下幸之助掌握了自己的命运。

上帝是公平的，他在把苦难撒向人间的时候，往往准备好了等重的回报等着勇士去拿。当苦难不期而至时，我们要视苦难为财富、为机遇，向它宣战。当你成功地征服它之后，就能拿到上帝的回报，捧起金灿灿的奖杯，真切地感受到生活的甘甜、人生的价值。

我国著名经济学家贾赖曾说，世界荣誉的桂冠，都是荆棘编织而成的。为了美好的明天，让我们向苦难宣战吧！

超越苦难，它就是你的财富

有个人去巴西旅游时，看见了一只非常美丽的海龟，它的壳和头尾都是翠绿色的，在翠绿色的壳上有着深咖啡色的花纹。那只海龟的嘴很大，两边的线条翘起，像是一直在微笑；眼睛炯炯有神，直直对人注视，眨也不眨。

这个人欣赏它的美丽，百般恳求，出了高价才向原来的主人购得。然后通过了动物进出口的种种繁复检验，从海运用货柜托运回了家。从巴西到自己的国家的货轮开了三个月才到，这个人本来还担心万一这只海龟饿死了可怎么办，没想到开箱的时候，它还是好端端的，一点问题也没有，那对明亮的大眼睛突然张开，吓了这个人一大跳。三个月不吃不喝还能存活，真是不可思议。

过了一个月，他有天需要到南部去开个会，要离开一个星期，想想不能每天喂海龟，就在离开的时候放了三把熟透的香蕉。一星期后，他兴冲冲地回来看海龟，可是那只海龟却已经死了，香蕉少了一把。

找了一位兽医来看，他说乌龟是撑死的，它把一大把香蕉一口气吃完，所以撑死了自己。

这个故事让人感慨不已。

在极度的黑暗中，整整三个月，饥寒交迫之下还能存活的乌龟，在翠绿的花园水池旁却因为吃得太饱而死了，可见困厄并不一定可畏，饱足也不尽然可喜！这个故事还让人想起孟子说的："生于忧患，死于安乐。"因缘是不可思议的，希望远离苦难享受安乐的人，请想一想，忧患能给人带来生的勇气，而安乐却使人丧失活的斗志，别当一只"生于忧患，死于安乐"的巴西海龟！

苦难有时很残酷，它会把你一生的追求和信念一瞬间撕得粉碎，也可能对你穷追不舍，一点点地蚕食着你生命中的绿色。

但是，无论你经历过多少苦难，走过多少坎坷，你都不会一无所有，你总会还拥有一些东西，它们是你生命里最为宝贵的财产。

当命运让我们无可选择的时候，我们唯一能做的就是：接受苦难，阅读苦难，超越苦难。

愿你经历的苦难，都变成礼物

一个人在遭遇挫折之后，如果他想要再一次站起来，那他就会去认真总结经验教训，探究导致失败的原因，寻找摆脱困境的办法。他正是在这样一个思考、总结、探索、创造的过程中，提高自己的认识、增长自己的才智，使自己变得比以前更加聪明起来。

另外，挫折还能使人真正懂得人生的意义而更加高尚起来。

心灵大师卡耐基在青年会中执教的时候，曾因自己失败的演讲而被解雇。正当他对自己不抱什么信心的时候，他收到了伊丽莎白·康妮寄来的一封信。正是这封信使他看清了自己，最终找到了发挥自己才智的地方。

康妮在信中说：

亲爱的先生，我在给你写这封信时，突然想起了乔治五世挂在白金汉宫上的那句话：“教我不要为月亮哭泣，也不要因事情而后悔。”现在我想只跟你说一说我的故事。

有一天我接到国防部的电报，说我的侄儿——我最爱的一个人——在战场上失踪了。

我的心跳速度一下子加快了，在随后的日子里，我无法安心睡觉，也无心吃饭。过了不久，我终于接到了我侄儿阵亡的通知书，那时，我的内心无比悲伤。

在那件事发生以前，我一直觉得命运对我很好，伟大的上帝赐给了我一份喜欢的工作，又让我顺利地抚养大了相依为命的侄儿。在我看来，我侄儿代表着年轻人美好的一切。我觉得以前付出的努力，现在一定会有一个很好的回报……

然而，却来了这样一份电报，我的整个世界都被粉碎了，我再也找不到使自己活下去的理由了，我失去了生存的意义和继续生存下去的借口。我开始忽视我的工作，忽视我的朋友，我抛开了生活的一切。我开始对这个世界冷淡和怨恨。为什么死的是我最爱的侄儿？为什么这么好的孩子还没有开始他的生活就离开了这个世界？为什么他会死在战场上？

我没有办法接受这个事实，由于悲伤过度，我无力再去工作。所以，我决定放弃工作，离开家乡，把自己藏在眼泪和悔恨之中。就在我清理桌子准备辞职的时候，我突然看到一封几乎被我遗忘的信件——一封由我的侄儿生前寄来的信，当时，我的母亲刚刚去世。

他在信上说：“当然我们都会想念她的，尤其是你。不过我知道你会平静地度过的。

“以你个人对人生的看法，就能让自己坚强起来。我永远不会忘记你教给我的那些宝贵的道理。

“不论我在哪里生活，不论我们离得多么远，我永远都会记得你的教导。你告诉我要笑对生活，要像一个男子汉一样学会承受一切发生的事情。”

我把那封信读了一遍又一遍，觉得他就在我的身边，好像这封信是他说给我听的。仿佛他在对我说：“你为什么不照你教给我的办法去做呢？坚持下去，不论发生什么事情，把你个人的悲伤藏在微笑的下面，继续生活下去。”

侄儿的信给了我极大的鼓舞，我觉得人生又充满了期望，我决定回去工作。我不再对人冷淡无礼。我一再对自己说：“事情到了这个地步，我没有能力改变它，不过我能够像他所希望的那样继续活下去。”我把所有的思想和精力都用在了工作上，我还给前方的士兵们写了信，好像他们就是我的侄儿。另外，在工作之余，我还参加了成人教育班——找出了新的兴趣，结交了许多新的朋友。我几乎不敢相信发生在我身上的这些变化。

我不再为已经过去的那些事悲伤，现在我每天的生活都充满了快乐——就像我的侄儿要我做到的那样。

戴尔·卡耐基读罢这封信，心中涌出了一些感叹：

伊丽莎白·康妮学到了我们所有人迟早都要学到的事情，这就是我们必须深知覆水难收的道理，有些事情一旦发生了，就没有办法再去弥补。现在需要做的就是如何让自己在事情发生之后，保持一种积极的心态，重新定位自己的人生。

挫折能够增长人的聪明才智。在失败中不断总结，积累经验，经过冷静分析，将目标作适当的调整，在这个过程中就会提高解决问题的能力。

风雨过后见彩虹

失败是一种人生经历，既然不能避免，我们不妨把它看成是彩虹的前兆，为了迎接彩虹，我们要以平常心来接受风雨。

有一天，俄罗斯作家克雷洛夫在街上行走。

忽然，有个年轻的果农走上前来，拦住了他的去路。只见果农拿着一个果子，向克雷洛夫兜售。

年轻人腼腆地对他说："先生，请你帮忙买些果子吧！不过，我要老实告诉你，这些果子其实有点酸，因为这是我第一次种果子。"

克雷洛夫见这个果农如此诚实，心生好感，便向他买了几个果子，并对他说："小伙子，别灰心啊！你以后种的果子会越来越甜的，我第一次种的果子也是酸的。”

年轻人一听，以为遇到了“同行”，连忙向他请教：“你以前也种过果树吗？后来呢？”

克雷洛夫笑着说：“我啊！我收获的第一个果实，是《用咖啡渣占卜的女人》。不过，当时没有一个剧院愿意演出这个剧本。”

不必担心未来的结果，只要仔细检查眼前的步伐有没有错误失算，走一步便修正一步，并学会坦然面对我们迈出的每一步，那么当我们站在终点时，自然能站立得踏实又稳健。

人的一生难免会遇到跌倒与挫折，我们每个人都可以像克雷洛夫一样，善于自我调侃，不要害怕我们跨出的第一步，把难堪的窘境当成人生的必然经历。

只有开始，我们距离梦想的目标才能更近。

因为，有开始就有希望，不管最终的结果如何，我们需要关心脚下迈出的每一步。世事万物都是依循这个简简单单的道理在运行，只要生命有了开始，自然会有果实累累的一天。

人生没有太多时间让我们犹豫，凡事先行动了再说。唯有从行动的步伐中，我们才能不断发现错误，修正错误，并累积成果。

最重要的是，要以一颗平常心面对失败和挫折，只有如此，我们才能正确无误地抵达梦想的终点。

把绊脚石变成垫脚石

我们往往有一个习惯，那就是以成败去权衡每件事情的结果。其实，如果能从另外一个角度去审视，失败并不见得都是负面的。失败就好比一块石头，但是不同的人会有不同的看法，有人把它看成是绊脚石，有人却把它看成是走向成功的垫脚石，这样就导致了不同的结果。

人活一辈子为了什么？为了开心地过日子，快乐地生活。成与败都只是事实在感情上的折射，任凭高兴或伤心都改变不了事实。既然如此，为什么还要伤心？人生漫漫总难免有际遇不好、命运不济的时候，只要自己思想过，努力过，即使一辈子一事无成，也应该坦然开心，这样过的一生才没有白活。老天不能保证你成功，但你可以保证自己快活。

人的一生，总会遇到这样那样的挫折、逆境。所以，不要怨天尤人，只要懂得如何面对就行了。平时我们见到那些成功的人，不论是事业功成名就，还是情感得意，羡慕之意就会油然而生。特别是这人年龄、背景、相貌和自己相仿时，简直就会有点儿妒忌了，他怎么就那么好运呢？可是，你有没有想过，其实人家背后也有许多辛酸，人家也并非一帆风顺，人家也在逆境中挣扎过呢？

以平常心来看待成功和失败，并不意味着我们不努力向成功迈进，在通往成功的道路上，失败就是一个个大石块，当我们可以以平常心坦然面对这些石块的时候，再经过自己的奋斗就会把这些绊脚石变成垫脚石。

罗纳德·皮尔曾经给别人讲过自己的亲身经历：

每当我失意时，我母亲就这样说："最好的总会到来，如果你坚持下去，总有一天你会交上好运。并且你会认识到，要是没有从前的失望，那是不会发生的。"

母亲是对的，当我于1932年大学毕业后，我发现了这点：我当时决定试试在电台找份工作，然后，再设法去做一名体育播音员。我搭便车去了芝加哥，敲开了每一家电台的门——但每次都碰了一鼻子灰。在一个播音室里，一位很和气的女士告诉我，大电台是不会冒险雇用一名毫无经验的新手的。“再去试试，找家小电台，那里可能会有机会。”她说。我又搭便车回到了伊利诺伊州的迪克逊。虽然迪克逊没有电台，但我父亲说，蒙哥马利·沃德公司开了一家商店，需要一名当地的运动员去经营他的体育专柜。由于我在迪克逊中学打过橄榄球，于是我提出了申请。那工作听起来正适合我，但我还是没能如愿。

我失望的心情一定是一看便知。“最好的总会到来。”母亲提醒我说。父亲借车给我，于是我驾车行驶了110多公里来到了爱荷华州达文波特的WOC电台。节目部主任是位很不错的苏格兰人，名叫彼得·麦克阿瑟，他告诉我说他们已经雇用了一名播音员。当我离开他的办公室时，受挫的郁闷心情一下子发作了。我大声地问道：“要是不能在电台工作，又怎么能当上一名体育播音员呢？”

我正在那里等电梯，突然听到了麦克阿瑟的叫声：“你刚才说体育什么来着？你懂橄榄球吗？”

接着他让我站在一架麦克风前，叫我凭想象播一场比赛。前一年秋天，我所在的那个队在最后20秒时以一个65码的猛冲击败了对方。在那场比赛中，我打了15分钟。回想当时的情形，我激动地描述着每一个场景。之后。彼得告诉我，我将主播星期六的一场比赛。

成功与失败同属于所付出努力的偶然结果，期望成功只是我们的感情选择。因此，我们应该以平常心对待成败，成功固然高兴，失败也不必伤心，反正该做的都做了，结果如何坦然接受就是。

第六章

勇敢面对，一切都是最好的安排

当不如意的事情发生时，我们要面对现实，欣然接纳曾经所发生的一切。不懊恼，不沮丧，更不要只看一时。把眼光放远，把人生视野加大，既不自怨自艾，又不怨天尤人，永远乐观、奋斗，勇敢面对，相信天无绝人之路！

有勇气的人永远不失自尊

什么样的人一定能够取得成功？阿德勒的答案是：“这是每个人都想知道却永远也得不到答案的问题，因为正如没有人注定是失败的一样，也没有人一定能成功。但是我们却知道什么样的人最有可能取得成功，那就是充满勇气的人。”在今天看来，那些充满勇气的人，敢于直视人生中的所有问题，守正不阿，不甘屈服，有所不为。

很多人总在将就凑合中生活，面对越来越多的不顺，只会去自怨自艾。既然我们什么都没有，而又渴望有更美好的人生，那还顾忌什么呢？拿出勇气，放手一搏！失败了，你还是过着最差生活的你；而成功了，你就改变了自己的命运。

一口枯井里住着三只蛤蟆，一大两小。井里只剩一摊污水，还有偶然闯入井里的飞虫，只有这些让它们维持着生命。最可怜的是两只小蛤蟆，不仅日子穷苦，而且还时常受大蛤蟆的欺负。

一天，两只小蛤蟆又遭到了大蛤蟆的欺负。一只小蛤蟆对另一只小蛤蟆说："我们得离开这儿，不然，我们永远没有出头之日。"

另一只小蛤蟆说："兄弟呀，我也知道这儿的日子不好过，但水还是够用的，偶尔还有飞虫进来，虽然我们经常受欺负，但至少还可以活命呀。"

"不，我想离开这儿！"小蛤蟆说。

"别妄想了，知道外面的世界是个什么样子吗？说不定还不如这儿呢！再说，你唯一可以出去的办法，就是跳到人类的打水桶里。人类把你捉住，还不知道会对你怎么样呢！"另一只小蛤蟆说。

小蛤蟆没有说话。

一天，一位农夫从井里打水浇地，小蛤蟆毅然跳到放进井里的打水桶里。善良的农夫没有为难这只可爱的小蛤蟆，将它放到了田野里。

田野里风光无限，小蛤蟆过着快乐的生活，而在井里的那只小蛤蟆，依然守着一摊污水，继续过着食不果腹、饱受欺辱的口子。

有些人的境遇就像那两只小蛤蟆，但当一些人在抱怨时乖运蹇、感到犹豫彷徨之时，另一些人已经开始振作精神、放手一搏。于是，前一类人继续过着毫无生气的生活，后一类人却成了最大的赢家。一个循规蹈矩、安分守己的人，绝对不会为冒险付出任何代价。不敢走出去的人，永远不会去想另辟蹊径，单独开辟一条道路。

美国南北战争前，时局动荡不安，各种令人不安的消息不断传出。人们都在忙着安排自己的事情，包括家庭和财产。洛克菲勒却没有宅在家里数钱，而是利用自己的智慧思考如何从战争中获取附加利益。他想：战争会使食品和其他资源变得匮乏，交通中断，使得商品的价格急剧波动。他想：这不是金光灿烂的“黄金屋”吗？走进去，一定能满载而归！

那时候，洛克菲勒仅有一家价值四千美元的经纪公司，他决定豁出一切去拼一下。在没有任何抵押的情况下，洛克菲勒用他的设想打动了一家银行的总裁，筹到了一笔资金。然后，他便开始了走南闯北的生意之路。一切都如他预想的那样，第四年，他的经纪公司的利润已经高达一万多美元，是预付资产的四倍。在第一笔生意结账后不到半月，南北战争就爆发了，紧接着，农产品价格又上升了好几倍。洛克菲勒所有的储备都为他带来了巨额利润，他的财富就像雪球一样越滚越大。

经过了这件事，洛克菲勒记住了一个秘诀：成功的关键在于敢于投身进去拼搏闯荡。

有人说："趁着年轻出去闯一闯、拼一拼吧，世界上最悲惨的事情莫过于人总安于现状地宅在家里不思进取。"满足于平庸生活的人是可悲的，当一个人满足于现有的生活时，他已经开始退化了。敢于闯荡的人总会发现一些新的东西，或者说创造一些新的东西，并且他们总能想到别人想不到的地方。敢为天下先，这是成功的必要条件。

面对社会的纷繁变化，重重困难，有的人感叹自己的能力有限，而后失去勇往直前的勇气，向困难低头，而另一些人却做出了不一样的选择，正如阿德勒所说："那些能够鼓足勇气面对的人，却会冲破重重阻挠，战胜困难，自然就不用在困难面前低下高贵的头，他们永远不会失去自尊。"

拿出面对挫折的勇气来

从前有个乡下人偶然来到城里，看到那里很多人都骑马来往，他十分羡慕。于是他立即去租了一匹马，他要骑马回家去炫耀一番。他很快就走上了田间的小路。那马一看到野外有如此多的青草，十分兴奋，于是嘶叫着向前奔跑。这个可怜的乡下人被吓坏了，抱着马鞍惊叫，结果一下子摔了下来，一头扎进淤泥里。后来，乡下人回家，十分感慨地对儿子说："我们每一个人都有禁忌，你也有，以后一定要记住，千万不要骑马。"遇到挫折，我们学习的是下次如何不遇到它，而不是走路时脚绊在石头上，摔了一跤，我们就把自己的脚砍掉。我们可以避开那条路不走，也可以更加小心点，越过石头走过去。

有些人一遇到挫折就一蹶不振，还有些人一遇到挫折很能学习，但是学习的方法却有很大的问题。

对于一个懂得人生意义的人来说，他做事情就不存在失败的概念。事情做得不如意，没有达到预想的效果，那叫没有成功；事情做好了，预期的效果达到了，那叫取得初步成功。对于这种人来说，始终保持着一种积极进取的姿态，从来都不会放弃自己对理想的追求，也不会因为什么打击而一蹶不振。挫折是他们成长的食粮，而成功是对他们努力的鼓励。在他们看来，活在世界上是为了一种使命，因为这种使命，他们往前迅速地奔跑；因为这种使命，他们摔倒了继续再跑；也因为这种使命，成败对于他们来说并不是那么重要。他们曾经也担心过失败，就好像刚学游泳的人总是担心掉在水中呛水，但是他们明白自己如果不下去游，不呛几口水，自己永远都不可能取得成功。

正是因为这种心态，他们对成败就看得不是太重。他们是可以失败、不怕失败的人。也正是因为他们可以失败、不怕失败，所以他们会遇到很少的挫折，会取得更大的成功。很多人在四五十岁时的心态是相当纯正的，也是最能取得成功的心态。如果一个二三十岁的青年能够以一种四五十岁时的心态去做事情，那么他们必然会取得更大的成功。人害怕什么，什么东西就围绕在他周围挥之不去。就像一个人特别害怕公开演讲一样，他越是害怕，越是容易在演讲时出错。一个木桶的盛水量是由最短的一块板决定的，人的能力发挥同样如此，各方面的能力构成了一块块板，哪一块板短必然会影响整体能力的发挥。

看待挫折应该有一个好的心态，不要把挫折看得太重了。跌倒了，立即爬起来就走，而不要躺在地上呻吟，说自己为何如此命苦，上天对我为何如此不公。摔伤了，就当没有受伤一样，而不要老是盯着伤口，感叹这个伤口怎么这么疼，这个伤口不知道什么时候能好。其实很多时候越是关注，越是很难好。伤口好和自己的关注虽然没有直接的关系，但关注太多容易自怨自艾，容易让自己心中始终有阴霾。如果别人伤害了你，千万不要觉得自己很委屈，如果你觉得委屈，你受的伤害就加深了一层。遇到这种情况时，人要学会用一种坦荡磊落的心胸对待，就像没有发生任何事情一样。尤其是感情受到伤害的时候，更应该如此。

不要把成功看得太重，也不要把失败看得太重。没有人会在临终的时候对家人说：我好懊悔小学五年级时考试没有及格。人到最后往往会长叹一口气，想到自己一生经历了那么多挫折，真是不简单。挫折在这个时候也变得十分可爱起来。

挫折和失败是对人生的抛光，只有勇敢跨过这种磨炼之后，才能更好地把握机会，取得成功。

困难没有想象中的大

困难没有想象中的大，在做事情的时候必须保持很强的信念。信念不但是一种指导原则，而且也是一种信仰，它能让人明了人生的意义和方向。同时信念就像一张滤网，能够对人所看到的世界进行过滤。信念也是指挥中枢，它能按照自己所相信的，指挥人们去主动地接受事情的变化。如果相信自己会成功，那么信念能够促成这种成功。但是，如果莫名其妙地相信自己会失败，信念当然也会带来各种莫名其妙的失败。

在这个世界上，似乎聪明的人往往不通过努力就能获得成功，其实这是个假象，没有不通过努力就获得成功的人。有一种人，他们很不成功，原因是他们没有自信和乐观的心态，而是不停地抱怨。

面对困难要保持乐观，乐观的人和悲观的人看到同样的事情往往会得出截然不同的结论。比如一个杯子里盛有半杯水，乐观的人看到的是杯子的一半是满的，而悲观的人看到的却是杯子的一半是空的。遇到困难和挫折，乐观的人往往会十分客观地分析各种原因，最后得出的结论往往是客观条件不允许，而不是自己的能力不行；而悲观的人第一反应往往是自己出了问题，而且自己永远都不会成功了。很多时候，成功者之所以成功，往往就是因为具有积极乐观的心态，他们从来不会怀疑自己的能力，也不会怨天尤人，对于他们来说，永远都不会存在失败，而是此时此刻没有成功。成功和失败是有本质区别的。没有成功表明还在朝着成功的方向努力，而失败则代表了一个结果。

困难是欺软怕硬的东西。当你退缩一步，困难会前进两步。只有当你勇往直前的时候，根本不被困难吓倒的时候，困难才会离你远去。其实人生如果过于顺利，或许就体会不到其中的很多乐趣。不妨在困难中，静下心来体会和享受。

困难没有想象中的那么大，对我们每一个人而言，我们没有理由不乐观。我们有这一辈子的时间来实现自己的理想，有一辈子的时间来规划自己的人生。我们有健康的身体，有思想、有智慧、有知识，比起世界上很多人来说，我们已经是很幸福的。我们完全有理由拥有乐观的心态。而且很多时候，尤其是年轻的时候，更应该学会“盲目乐观”一些。“盲目乐观”代表着一种跌倒了永不服输的决心，甚至在心中根本就没有“输”这个字眼。人在小的时候往往能学到很多东西，那个时候吸收知识特别快，原因就在于小的时候根本没有失败的意识，只是凭着自己的兴趣或者韧性去做自己想做的事情。随着人慢慢长大，经历的事情多了，失败逐渐成了自己的一种意识，害怕失败，或者刻意回避失败，最后是不可避免地失败。相反，那些“盲目乐观”的人，在他们的意识中根本就没有失败的意识，只知道一个劲儿地向前冲，只知道一个劲儿地追求。失败对于他们而言，不再是界限，也不是他们的极限，他们没有失败的概念了。很多成功人士之所以成功，就是根本没有想过失败。如果当初想到了失败，他们就不会取得成功了。因为在他们心中，有一种积极和乐观的态度，所以他们比一般人更加愿意去承担风险，自然也就会享有更多的回报。事情没有到最后一步，谁都不知道结果将如何发展，之所以害怕失败，往往是因为对自己没有信心，对事情的把握力度还不够。在这种情况下，一方面要增强自己的信心，对事情进一步调查掌握；另一方面要学会让自己乐观起来，用乐观的情绪激发自己最大的潜力。

当然，乐观既不是盲目骄傲，也不是莽撞冲动。乐观是建立在对事情的基本把握上的。

困难永远没有想象中的那么大，我们没有理由不乐观。

困难没有我们想象的那么大，有的时候只是我们在无形中夸大了很多。只要我们积极乐观地去面对，困难就会被我们踩在脚下。

要学会给自己加油

人生难免遇到低潮，当我们碰到低潮时，谁来拍拍我们的肩膀，给我们打气呢？

事实上，当我们碰到低潮时，真正能为我们打气的人寥寥无几。或许你的老师、长辈会为你打气，但他们也不可能天天拍着你的肩膀。父母兄弟呢？他们当然疼爱你，但他们却又是最有可能打击你的人——很多父母看到陷入低潮的子女，不但没有鼓舞，反而不断责骂。很多兄弟之间也是如此。

当你碰到低潮时，要自己鼓励自己！

我们并不否定别人的鼓励作用，事实上，别人的鼓励会让你暂时走出无助，找到振臂一呼的感觉。可那股奋起的力量终究会昙花一现。

千万别乞求、期望得到别人的鼓励，因为那只会让你像个可怜虫，这种鼓励带有怜悯的意味。千万别依靠别人的鼓励来产生勇气和力量，因为你未来的路还会有许多坎坷，不是每一次你低潮的时候，都会有人来鼓励你。

学会鼓励自己，让勇气和力量在心中生长。你内在的能量就像开了泉眼，泉水源源涌出，任何时候你都可取用。

遇到低潮时，你首先要有的就是“活下去”的决心，因为这是“自己鼓励自己”的先决条件。

你要告诉你自己：我一定要走过这个低潮，我要做给别人看，向所有人证明我！我要为自己争口气，不被别人看轻。

有了这样坚定的信念，你便会从此崛起、无所不能。当然生活中还会有挫折、沮丧和漫漫长夜的等待，只要你秉着一支希望的烛，播下辛勤的种子，人生便会收获丰硕的果实。

你可以在墙上贴满励志标语，每天在固定的时间默念；你可以找个僻静的地方，痛快地流泪；你可以拼命看成功人物的传记；你可以借助运动来强化意志，忘却沮丧。

当你遭遇心灵低谷的时候，仍要把头抬起来，把腰板儿挺起来。坚强一点！挺一挺就过去了！

要有战胜困难的信心

有一个韩国学生到剑桥大学去读书，主修心理学。他喜欢喝下午茶，因为在那里他可以经常和一些成功人士聊天。这些成功人士中不乏某一些领域的学术权威、创造经济或者政治神话的人，当然也少不了诺贝尔奖获得者。在他的心目中，这些人必然是经历了千辛万苦，又运气十足地取得了今天的成绩。通过聊天，他发现这些人都很幽默风趣。更让他吃惊的是，这些人居然把自己的成功都看成是非常自然、顺理成章的事情。原来取得成功并不是那么难，只不过有的人描述自己创业的时候，将艰辛夸大了。正是因为这种夸大，使很多正在创业的人退却了。

这个学生认为自己很有必要对韩国成功人士的心态加以

分析和研究。后来，他把自己的研究成果写成了《成功并不像你想象的那么难》，并作为毕业论文提交给了他的老师。他的老师看了以后十分惊喜，他认为这是一个难得的新发现。把成功中的艰辛夸大的现象不仅存在于东方社会，在世界各地都普遍存在，但从来就没有一个人敢于提出来并加以研究。老师这样描述他的感受："我说不清楚这篇文章到底能给你多大的帮助，但我能肯定的是它比任何一个政令都能产生震动。"

果然，后来的事实证明，这篇文章伴随着韩国的经济起飞了。正是这本书鼓舞了一代又一代的韩国人，告诉他们从新的角度来看待成功，固然成功需要艰难困苦的努力，但是并没有想象中的那么困难。只要你长久地对某一事业感兴趣，而且坚持下去就一定会取得成功，因为老天已经赋予了你足够的时间和智慧去圆满地做成一件事情。当然，这个学生后来也取得了较大的成功，他成为韩国某汽车公司的总裁。

人在困难面前一定有一种积极的心态。如果一个人总是抱着下坡的想法爬山，那么他肯定很难爬上山去。同样的道理，如果一个人的世界总是沉闷而无望，那么他也就无法改变世界。要想改变自己的世界，首先要做的是改变自己的心态。一个人的心态正确了，才能在紧要关头把握住机会。

人们的心态决定了他们的行为，心态积极向上自然能够取得最大的成功。很多困难都被我们夸大了。大多数情况下，困难并没有想象中的那么严重，只不过在我们心中，一种畏难的情绪让自己不得不把它看得过于严重。

不要迷信于别人的说法，不要太相信别人的经验，要始终相信自己应对困难的能力。

第七章

生命不是交换，别让斤斤计较害了你

人生不是等价交换，凡事不要斤斤计较。不要想着我付出了，就一定要有回报。有时候，一些不伤大雅的事情就没必要去斤斤计较，别让生活中的一些琐事去影响现在的一切。不计较是一种优秀的品质。放弃计较吧，你的人生将充满快乐。

做人不要太计较

计较是我们人性的缺点，它让我们失去太多宝贵的东西。一个快乐的人，不是他拥有的东西多，而是他很少去计较；一个事事都计较的人，他失去的不仅仅是快乐，还有更珍贵的东西。

当你与金钱计较的时候，金钱也会与你斤斤计较，所以我们要看得开。只有当你不是为金钱而活着的时候，你才可能获得更多的钱——金钱仅仅是成功的附属品而已。

当你与他人斤斤计较的时候，别人也就与你斤斤计较。做人不要太计较，要努力改变自己，努力喜欢你周围的每一个人，这样别人才会喜欢你。

一个喜欢周围所有人的人，一定是宽容、善良、厚道、正直、向上的人。喜欢别人的同时，你也可以改变自己的性格，你就会发现自己越来越厚道、善良、正直、阳光，变得很容易与别人接近。

假如你是一位家长，同样你要给孩子作出榜样，不可以随意放纵自己，不可以教坏孩子还去指责孩子；因为，你别忘了，在你要求孩子做的时候，自己也要严格要求自己。

假如是一位领导，你要全面地考虑问题，你要好好地要求自己，率先垂范，这样才有资格去要求别人。

假如你已结婚，同样的家庭责任在你的肩上，你首先必须去做好，尽到自己应尽的家庭责任，否则你无权指责对方。

……

只有这样，我们才能变得比较快乐。与朋友的相处也是一样，千万不要斤斤计较。

朋友之间，有时为“谁付出多了，谁没有付出”而发生争执和冲突是正常的，关键看你如何处理，千万不要过于计较，一计较就像一盘菜里落进了灰尘，那就难吃了，所以吵归吵，不能老是抓着问题不放。头一天争了几句，第二天见面，就应该好像前一天没有发生争吵一样，尽可能改变话题，而不要接着昨天的话题继续争个高低。

《圣经》里有这样一个故事：

一个园主，清晨出去为自己的葡萄园雇工人。他与工人议定一天一个“德纳”，就派他们到葡萄园里去了。

约在第三时辰，他又出去，看见另外有些人在街上闲立着，就对他们说：“你们也到我的葡萄园里去吧！一天我给你们一个‘德纳’。”他们就去了，约在第六和第九时辰，他又出去，也照样做了。

约在第十一时辰，他又出去，看见还有些人站在那里，就对他们说：“为什么你们站在这里整天闲着？”那些人对他说：“因为没有人雇我们。”他对他们说：“你们也到我的葡萄园里去吧！”到了晚上，葡萄园的主人对管事人说：“你叫他们来，分给他们工资，由最后的开始，直到最先的。”

那些约在第十一时辰来的人，每人领了一个“德纳”。那些最先雇的前来，心想自己必会多领，但他们也只领了一个“德纳”。他们一领到钱，就抱怨主人，说：“这些最后雇的人，不过工作了一个时辰，而你竟将他们与我们这些整天受苦受热的同等看待，这公平吗？”他答复其中的一个说：“朋友！我并没有亏待你，你不是和我议定了一个‘德纳’吗？拿你的走吧！”

是啊，这是提前约定好的啊！所以就不要过分斤斤计较了。如果你过于执着于这一点，那么你就很难找到快乐。我们对自己应该要求严一点儿，对别人应该多理解一点儿，你得到的也许是更多的理解、尊重、幸福和快乐！你的生活也将充满阳光。

不要在乎他人的评价

哲人有一句话说得好，“棍棒、石头或许会击伤你的肋骨，但语言无法伤害我”。总之，对于流言蜚语和议论，我们大可不必放在心上。有一句话曾经非常流行：走自己的路，让别人去说吧！心理学家对此有科学的解释，他们认为，大多数情绪低落、不能适应环境者，都是因为缺乏自知之明。他们自恨福浅，又处处要和别人相比，总是梦想如果能有别人的机缘，便将如何如何。其实，只要能客观地认识自己，就能走出情绪的低谷，激发出超越的激情来。可以说，那些令无数人羡慕不已的成功人士，他们之所以能够取得伟大的成就，正是因为能够超越大多数人的标准，不为别人的评价所左右。

美国著名企业家迈克尔在从商之前，只是一家酒店里的普通服务生，他每天的工作，也就是替那些有钱人搬行李、擦汽车。不过，年轻的迈克尔并没有像他的同事们那样甘于平庸。

有一次，一位客人将他的豪华的劳斯莱斯轿车停放在酒店门口，吩咐迈克尔将车擦干净。当时的迈克尔还是一个没有见过多少世面的毛头小子，他还是第一次看到这么漂亮的汽车，所以，等擦完车子之后，他忍不住打开车门，想要坐上去享受一番。谁知就在他屁股还没坐稳的时候，酒店领班正好走了过来，领班一看到迈克尔竟然坐在客人的轿车里，便大声呵斥道："你疯了吗？也不知道自己的身份和位置，像你这种人，一辈子也不配坐劳斯莱斯！"

迈克尔虽然知道自己犯了错，可是他感觉到自己的人格受到了污辱，他当时只有一个念头：我发誓，这一辈子不仅要坐上劳斯莱斯，而且要拥有自己的劳斯莱斯！

信念的力量就是这样的强大，至少是在这种力量的鼓舞下，迈克尔后来并没有像其他同事一样一直替人搬行李、擦车，最多做一个领班，而是拥有了自己的事业，当然也拥有了自己的劳斯莱斯。

让我们再来看一看下面的这些案例：

爱因斯坦4岁才会说话，7岁才会认字。老师给他的评语是："反应迟钝，不合群，满脑袋不切实际的幻想。"他因此曾被劝退学。

牛顿在小学的成绩一团糟，曾被老师和同学称为"呆子"。

罗丹的父亲曾抱怨自己生了个白痴儿子，在众人眼中，罗丹曾是个没有前途的学生，艺术学院考了三次他还考不进去。

托尔斯泰读大学时，因为成绩太差而被劝退学。老师认为："他既没读书的头脑，又缺乏学习的兴趣。"

……

试想，如果这些人后来不是"走自己的路"，而是被别人的评论所左右，他们又怎么能取得举世瞩目的成就呢？

现实中，每个人都在不断地检视着自己的特性和特质，包括许多与生俱来的、根本改变不了的，比如身材、身高、性别、五官、种族和文化传承、年龄、才华及智商，等等。同时，更多的人则只是从周围世界所了解到的标准和印象来评断自己，比如对于体形——“苗条就是美”，青春——“你们是早晨八九点钟的太阳，希望寄托在你们身上”，学历——“文凭就是铁饭碗”……

然而，别人的评价说到底不能判定你的现在，更不可能预测你的未来，因为只有你自己才真正了解你的优点和弱点，也只有你才能掌握自己的未来，除此之外，别人都不可能真正左右你。从这一点上讲，你需要不断为自己打分，并且实事求是地评价自己，而绝不能有自卑的心理。

快乐的人生不计较

现在很多人活得特别不快乐，究其原因就在于总是计较得与失，给自己增加了很多烦恼。快乐真的很简单，只要你不去计较！

王老师的心理诊所曾经接待了这样一个人，有一天他气势汹汹地跑来问王老师："你不是说付出是快乐的吗？我付出了，为什么我不快乐？！"她讲了一些令她生气的事：她和一个朋友工作在同一处，她们几乎每天在一起。她们在一起的每一天每一件事都是她在付出，一起吃饭，是她埋单；一起购物，是她结账；她的东西，只要她的那个朋友喜欢就会拿走，不理会她是否同意。

听到这个人的叙述，王老师觉得非常可笑。如果你在付出的时候不是心甘情愿，那就请你不要去做，何必要在事情发生后才抱怨呢！我们常用两肋插刀来形容朋友，既然插刀都可以了，一点点的付出又何必计较呢！难道这不是自己给自己找烦恼吗?

有些人做人、做事太过于精明和斤斤计较，名利地位、金钱美色样样都想拥有，都不肯放手。殊不知，这样的生活会过得非常累，让你有一种喘不过气来的感觉。反之，什么都不计较，什么都马马虎虎，什么都可以凑合，那这样的人生也不行，反而没有什么追求。聪明的人、有生活智慧的人，会有所为有所不为，只计较对自己最重要的东西，有取有舍，收放自如，所以他们通常活得比平常人更快乐一些。

苏格拉底便是这样一种人。苏格拉底是单身汉的时候，和几个朋友挤住在一间只有8平方米的房子里，连转个身都很困难，可是他一天到晚总是开开心心的，别人对此甚是不解。曾经有人问他："你这连住的地方都不好，怎么还这么高兴呢？"苏格拉底却说："因为有朋友啊。"在他的心里，他觉得和朋友们在一起，随时可以交换思想、交流感情，是一件很快乐的事情。

后来，朋友们纷纷成家了，先后搬了出去，只剩下苏格拉底一人了，但他每天仍然很快活。这下大家又不明白了。怎么只剩下他一人还能这么快活。他说："因为我有好多书啊，一本书就是一个老师，每天都能向它们请教，是一件很快乐的事情。"

几年后，苏格拉底也成了家。住在七层楼的最底层，属最差的地方，不安全，也不卫生，经常有人往下面泼污水，乱扔臭袜子什么的。可他却不在乎，依然喜气洋洋，并坚持认为住在一楼有诸多的好处，比如进门就是家，不用爬楼梯，搬东西方便，朋友来访也很方便，还可以在空地上养养花……一年后，因为一个偏瘫的朋友上楼不方便，苏格拉底就与他互换了房间，住到了楼房的最高层。同样，他仍觉得很开心、很满意。因为爬楼梯可以锻炼身体，住在高层光线好，可以很安静地看书写文章。

乡村有一对清贫的老夫妇，有一天他们想把家中唯一值点钱的一匹马拉到市场上去换点更有用的东西。老头牵着马去赶集了，他先与人换得一头母牛，又用母牛去换了一只羊，再用羊换来一只肥鹅，又把鹅换了母鸡，最后用母鸡换了别人的一大袋烂苹果。

在每次交换中，他都想给老伴一个惊喜。

当他扛着大袋子来到一家小酒店歇息时，遇上两个英国人。闲聊中他谈了自己赶集的经过，两个英国人听得哈哈大笑，说他回去准得挨老婆子一顿揍。

老头子坚称绝对不会，英国人就用一袋金币打赌，三人于是一起跟老头子回到家中。

老太婆见老头子回来了，非常高兴，她兴奋地听着老头子讲赶集的经过。每听老头子讲到用一种东西换了另一种东西时，她都充满了对老头的钦佩。

她嘴里不时地说着："哦，我们有牛奶了！"

"羊奶也同样好喝。"

"哦，鹅毛多漂亮！"

"哦，我们有鸡蛋吃了！"

最后，听到老头子背回一袋已经开始腐烂的苹果时，她同样不愠不恼，大声说："我们今晚就可以吃到苹果馅饼了！"

结果，英国人输掉了一袋金币。

不计较的人生是多么的快乐。快乐不是因为拥有的多，而是计较的少。让外表简单一点儿，内涵就会更丰富一点儿；让需求简单一点儿，心灵就会丰富一点儿；让环境简单一点儿，空间就会更丰富一点儿。

做人不要计较得失

有这样两个故事。

第一个故事是法国有一家报纸曾经刊登过一个智力问答：如果卢浮宫发生火灾，此时，你只能拿出去一幅名画，你会选择哪一幅？很多人回答说当然要达·芬奇的《蒙娜丽莎》，可是这幅“永恒的微笑”在最里面的展馆。最后一位社会学家给出了最合理的答案：拿离出口最近的一件。理由很简单，因为这样最容易实现。

第二个故事是有一架飞机坐着三个人，其中一个是物理学家，一个是总统，还有一个是哲学家。突然之间，飞机发生了故障，必须让其中的一个人跳伞以减轻飞机的负重，请问在这个时候你会选择哪一个？结果是众说纷纭。答案是选择体重最重的一个。理由也很简单，这样可以保证飞机最小负重，保证安全。

一个人的得失心不要太重了，太重了会影响自己的成长。人生没有失败，也很少会有后悔，唯一后悔的是自己用了太多时间和精力去计较得失了。

30年前，有一个年轻人想要离开故乡，去创造自己的未来。根据乡里的规矩，他动身的第一站应该去拜访本族的族长，以便求得指点。当这个年轻人去见族长时，族长正在练字。当族长听说他想离开故乡去外地闯荡闯荡，想了想，就立即挥毫写了三个字：不要怕。然后望着年轻人说："其实人这一生的秘诀没有什么，只有六个字，今天我先告诉你三个，我想这三个字已经够你半生受用了。"

30年过去了，当初离家的那个年轻人已经到了中年，取得了一些成就，但是也有了许多伤心事。此时他特意回到了家乡，去见那个族长。很快他来到了族长家，不过不幸的是，族长在几年前就已经去世了。然而族长的家人却取出一个封信给这个人，对他说这是族长留给他的东西。这个时候，还乡的游子才想起来30年前他还有一半的人生秘诀没有听到，打开信一看，里面赫然又是三个大字：不要悔。

不要怕，不要悔，这是对人生比较深刻的体会。人生没有失败，所以不要去害怕什么。别人能做到的，自己同样能够做到；别人做不到的，自己为什么不能做到。有了这种感悟，就不要再担心以后会发生什么。人生是没有失败的，人最终都会取得成功。

后悔是一种耗费精神的情绪，后悔是比损失更大的损失，比错误更大的错误。所以不要后悔，不论曾经是否伤害了别人，或者是否做错了事情，都要告诫自己不要后悔。伤害过别人，想一个办法给别人以补偿；做错了事情，以后不要再犯同样的错误，这样才能进步。在将来的日子里才能够获得非比寻常的成就。

一个人的得失心不要太重了，太重了会影响自己的成长。能得到的就得到，不能得到的就不得，不要太在意别人的想法，如果你将别的价值观，变成自己的价值观，那是非常痛苦的一件事。

豁达是人生至高的境界

豁达是一种至高的人生境界，是一种高尚的道德修养，是一种优秀的传统美德。豁达是原谅可容之言、包涵可容之人、饶恕可容之事，时时宽容，事事忍让。只有这样才能让自己达到宠辱不惊的境界，创造安宁的心境。

豁达是一种情操，更是一种修养。只有豁达的人才真正懂得善待自己，善待他人，生活才充满快乐。

豁达也有程度的区别，有些人对容忍范围之内的事会很豁达，一旦超出某种限度，他就会突然改变，表现出完全相异的反应。最豁达的人，则具有一种游戏精神，将容忍限度扩大。

有这样一个故事：一个身经百战、出生入死、从未有畏惧之心的老将军，解甲归田后，以收藏古董为乐。一天，他在把玩最心爱的一件古瓶时，差点儿脱手，吓出一身冷汗，他突然若有所悟："当年我出生入死，从无畏惧，现在怎么会吓出一身冷汗？"片刻后，他悟通了——因为我迷恋它，才会有忧患得失之心，破除这种迷恋，就没有东西能伤害我了，遂将古瓶掷碎于地。

豁达者的游戏精神，即是如此。既然他把一切视为一种游戏，尽管他同样会满怀热情，尽心尽力地去投入，但他真正欣赏的只是做这件事的过程，而不是目的——游戏的乐趣在于过程之中。那么，他也就解除了得失之心的困扰。

据说一位店主的年轻帮工总是迟到，并且每次都以手表出了毛病作为理由。于是那位店主对他说："恐怕你得换一个手表了，否则我将换一位帮工。"这话软中带硬，既保住了对方的面子，又严厉地指出了对方的过失，这样比较易于让对方接受。

豁达才会赢得拥戴，一个领导者必须有大度的心胸，才能容下形形色色的下属、各种人的脾性和工作中的各种压力，站在自己事业的高处。

一位德高望重的长者，在寺院的高墙边发现一把座椅，他知道有人借此越墙到寺外。长老搬走了椅子，凭感觉在这儿等候，午夜，外出的小和尚爬上墙，再跳到“椅子”上，他觉得“椅子”不似先前硬，软软的，甚至有点儿弹性。落地后小和尚定眼一看，才知道椅子已经变成了长老，原来他跳在长老的身上，是长老用脊梁来承接他的。小和尚仓皇离去，这以后一段日子他诚惶诚恐等候着长老的发落。但长老并没有这样做，压根儿没提及这“天知地知你知我知”的事。小和尚从长老的宽容中获得启示，他收住了心再没有去翻墙，而是通过刻苦的修炼成了寺院里的佼佼者。若干年后，他成为这座寺院的长老。

无独有偶，有位老师发现一位学生上课时，时常低着头画些什么。有一天，他走过去拿起学生的画，发现画中的人物正是龇牙咧嘴的自己。老师没有发火，只是憨憨地笑了笑，要学生课后再加工一下，画得更神似一些。自此那位学生上课时再没有画画，各门课都学得不错，后来他成为颇有造诣的漫画家。

通过上面的例子，我们可以归结出一点：主人公以后的有所作为，与当初长老、老师的宽容不无关系，宽容是一种无声的教育，可以说是宽容唤起的潜意识纠正了他们的人生之舵。

如果长老搬去椅子对小和尚施以惩罚，“杀一儆百”也是合情合理的，小和尚也许会从此收敛，但可能不会真正地反省。同样，如果老师对学生的恶作剧大发雷霆并且狠狠地加以批评，可能学生以后再也不敢在课堂上干别的事情了。但是，在学生的心中会留下伤痕，可能谈不上后来的成就了。

在日常生活中，当有人在背后传播你的谣言，或是说你的坏话时，你是想找机会报复他，还是不与他争执，宽容他呢？当你的亲戚或挚友有意无意地做了对不起你的事，你是与他从此绝交，还是默默承受来宽容他呢？如果你是一个处事冷静的人，那么你应该选择宽容，这样的选择对自己、对他人都有好处。因为宽容不仅可以使自己从仇恨与烦恼中解放出来，天天都有好心情，还可以让自己的身体因放松而健康，更能让我们在和谐中交际，拥有一个好人缘儿。

少点计较心，多些宽容心

做人不能一点儿都不在乎，游戏人生，玩世不恭；但也不能太较真，认死理。“水至清则无鱼，人至清则无友。”太认真了，就会对什么都看不惯，连一个朋友也容不下，就会把自己封闭和孤立起来，失去了与外界的沟通和交往。

桌面很平，但在高倍放大镜下俨然凸凹不平的黄土高坡；居住的房间看起来干净卫生，当阳光射进窗户时，就会看到许多粉尘和灰粒弥漫在空气当中。如果我们每天都带着放大镜和显微镜去看东西，恐怕世上没有多少可以吃的食物、可以喝的水、可以居住的环境了。如果用这种方式去看别人，世上也就没有美，人人都是一身的毛病，甚至都是十恶不赦的大坏蛋了。

人非圣贤，孰能无过，人活在世上难免要与别人打交道，对待别人的过失、缺陷，宽容大度一些，不要吹毛求疵、求全责备，可以求大同存小异，甚至可以糊涂一些。如果一味地要"明察秋毫"，眼里揉不得沙子，过分挑剔，连一些鸡毛蒜皮的小事都要去论个是非曲直，争个输赢来，别人就会日渐疏远你，最终自己就变成了孤家寡人。

多数人仅仅是在一些小事上较真，比如，菜市场上，人们时常因为几角钱争得脸红脖子粗，不肯相让。至于一台电视2000元和2100元的100元差价，人们经常就会忽略掉，不去较真。

为人处世，应当去除斤斤计较的狭隘心，以豁达的心胸对待人际交往中产生的问题和纠纷。大事化小，小事化了，当一个笑口常开的人，生活就多了几分安宁和祥和。有位智者说，大街上有人骂他，他连头也懒得回，他根本不想知道骂他的人是谁，因为人生短暂而宝贵，还有更重要的事情需要去做，何必为这种令人不快的事情去浪费时间呢？

提倡对某些事情不必太较真，可以"敷衍了事"，目的在于有更多的时间和精力去做我们认为值得干的一些重要事情，这样我们成功的希望就多一分，朋友的圈子就能扩大几分。

第八章

断舍离，什么都想要什么也得不到

人生是既复杂又简单的，说其复杂，是因为它存在着许多复杂的思想和意识；说其简单，是因为它可以让我们的心懂得如何取得和放弃。应该取得的需要努力争取，不该取得的则要决然放弃。取得往往容易心情坦然，而放弃则需要很大的勇气。所以，若想驾驭好自己的生命之舟，就必须懂得：学会放弃！

扔掉过多的、无用的目标

在一个大学结业典礼上，校长在致辞的结尾引用了一个寓言故事。

草原上，三只猎狗追逐着一只土拨鼠，而土拨鼠机灵地钻进一个洞穴；突然，从洞穴里窜出了一只兔子，兔子飞快地向前跑，并跳上了一棵树；三只猎狗紧追不舍，尾随而至；兔子在树枝上没站稳，掉了下来，正好砸晕了正仰头观望的猎狗；于是，兔子顺利逃脱。

故事讲完，台下许多学生便提出了各自的疑问：

“兔子怎么会爬树呢？一只兔子怎么可能同时压晕三只猎狗呢？”

“这些问题提得都不错，显示了故事的荒诞。”教授说完，沉默了好一阵；等学生们纷纷投来疑惑的目光时，他有些失望地说：“可是更重要的，你们却没有问——猎狗当初真正要追捕的是什么？土拨鼠哪儿去了？……”

还有一个小寓言故事：

有一位父亲带着三个孩子，到沙漠去猎杀骆驼。

他们到达了目的地。

父亲问老大：“你看到了什么呢？”

老大回答：“我看到了猎枪、骆驼，还有一望无际的沙漠。”

父亲摇摇头说：“不对。”

父亲以相同的问题问老二。

老二回答：“我看到了爸爸、大哥、弟弟、猎枪、骆驼，还有一望无际的沙漠。”

父亲又摇摇头说：“不对。”

父亲又以相同的问题问老三。

老三回答：“我只看到了骆驼。”

父亲高兴地点点头说：“答对了。”

一个人若想走上成功之路，首先必须有明确的目标。目标一经确立之后，就要心无旁骛，集中全部精力，勇往直进。

每一个人都希望找寻到各自人生的目的与意义，最终实现自己的目标；然而，在人生的道路上，阻碍人们走向成功的，往往不是艰难困苦，而是一路上太多的诱惑。在这些诱惑的左右下，渐行渐远，最终偏离了最初的人生规划，南辕北辙，甚至迷失了自己。

当然，仅仅有目标也是不够的，重要的是要有明确的目标。大家都听说过黑瞎子掰玉米的故事，它只顾贪多，最后走出玉米地的时候，腋下没有剩下一个玉米。

一个人不成功是因为不会选择目标，你要善于丢弃目标，丢弃应该丢弃的目标，你就容易成功。最不成功的人，就是盲目追求新目标的人。

一个6岁孩子的母亲，希望她的孩子多才多艺。但是在给孩子报兴趣班的问题上犯了难。她总是拿不定主意，今天想让她学画，明天想让她学艺术体操，后天又想让她学习钢琴等等，因为没有具体可操作的目标，孩子渐渐长大，什么都学了一点，却样样不能够精通，在各方面都显得很平庸。

与此相反，她的邻居对待这种问题的思路却不一样。因为邻居的孩子最喜欢跳舞，父母便按照孩子的意愿去创造条件，而不管将来孩子能否成为舞蹈家。因为全家人一直朝着这个目标去努力，那个孩子最后果真进入了演艺界取得了很好的成绩。

一味地苛求最好最完满，最后得到的只能是遗憾。

人在一生当中精力旺盛的时间是有限的，但是在追求目标的时候，多数人是不考虑时间的，只是在一味地追求新的目标，不管它是否适合自己，只要看到新的东西、新的目标就要追求，于是就非常盲目地把自己很多宝贵的时间都浪费了，所以我们在新的目标出现的时候，选择最适当的目标，然后痛快地做出决定，做好取舍，把不重要的目标丢弃。这样我们会明确我们的目标，从而全力以赴，直到成功，这也等于延长了生命。

摊开双手，世界在你手里

一天，有位大学教授特地向日本明治时代著名禅师南隐问禅。南隐以礼相待，却不说禅，他将茶水注入这位来客的杯子，杯子已满还在继续注入。

这位教授眼睁睁地望着茶水不停地溢出杯外，终于不能沉默了，大声说道：“已经溢出来了，不能再倒了。”

“你就像杯子，”南隐答道，“里面装满了你自己的看法，你不先把自己的杯子倒空，让我如何对你说禅。”

南隐是有道理的。

有时候，如果我们只抓住自己的东西不放，就很难接受别人的东西。特别是现代社会，人变得越来越贪，有些人什么都不愿放弃，结果却什么也得不到。

对于高人来说，放弃不是失败，是智慧。

学会放弃，是放弃那种不切实际的幻想和难以实现的目标，而不是放弃为之奋斗的过程和努力；是放弃那种毫无意义的拼争和没有价值的索取，而不是丧失奋斗的动力和生命的活力；是放弃那种金钱地位的搏杀和奢侈生活的创造，而不是失去对美好生活的向往和追求。

两个朋友一同去参观动物园。动物园非常大，他们的时间有限，不可能所有动物都参观到。他们便约定：不走回头路，每到一处路口，选择其中一个方向前进。第一个路口出现在眼前时，路标上写着一侧通往狮子园，另一侧通往老虎山。他们琢磨了一下，选择了狮子园，因为狮子是“草原之王”。又到一处路口，分别通向熊猫馆和孔雀馆，他们选择了熊猫馆，熊猫是“国宝”嘛……

他们一边走，一边选择。每选择一次，就放弃一次，遗憾一次。但他们必须当机立断，若犹豫不决，时间不等人，他们失去的将更多。只有迅速做出选择，才能减少遗憾，得到更多的收获。

心理学家做过一个实验：将一条饥饿的鳄鱼和一些小鱼

放在一个小箱的两端，中间用一块透明的玻璃板隔开。刚开始，鳄鱼毫不犹豫地向小鱼发动进攻，它失败了。但它毫不气馁，接着，它又向小鱼发动第二次更猛烈的进攻，它又失败了，并且受了伤。它还要进攻，第三次，第四次……多次进攻无望后它再也不进攻了。这时候，心理学家将隔板拿开，鳄鱼仍然一动不动，它只是无望地看着这些小鱼在自己的眼皮底下悠闲地游来游去。它放弃了所有努力，最终活活饿死。

一只蝴蝶从敞开的窗户飞进来，在房间里一圈一圈地飞舞，有些惊慌失措。显然，它迷路了，左冲右突努力了好多次，都没有飞出房子。

这只蝴蝶之所以无法从原路飞出去，原因是它总在房间顶部的空间寻找出路，而决不肯往低处飞，那低一点的位置就是敞开的窗户。甚至有好几次，它都飞到高于窗户顶部至多两三寸的位置了，可就是不肯再飞低一点儿！最终，这只不肯低飞一点儿的蝴蝶耗尽了气力，奄奄一息地落在桌子上，就像一片毫无生气的叶子。

有一首老歌，歌词最后几句是这样的：“原来人生必须要学会放弃，答案不可预期；原来结果最后才能看得清，来来回回何必在意。”是啊！人生在世，何惧放弃。

人，正因为不懂得舍弃才会有许多痛苦。当自己有了舍弃和清扫自己的智慧时，就会豁然开朗，生命会马上向你展现出另外一个截然不同的景致。

面对纷繁复杂的世界，懂得放弃的人，是会用乐观、豁达的心态去对待没有得到的东西的，他们每天都有快乐和愉悦的心情伴随左右。而不懂得放弃的人，只会焦头烂额地乱冲，他们不仅最终未能达到目标，而且每天都陷于得失的苦恼之中。

也许放弃在当时是痛苦的，甚至是无奈的选择。但是，若干年后，当我们回首那段往事时，我们会为当时正确的选择感到自豪，感到无愧于社会、无愧于人生。也许正是当年的放弃，才到达今天的光辉极顶和成功彼岸。

电影《卧虎藏龙》里有一句很经典的话：当你紧握双手，里面什么也没有，当你打开双手，世界就在你手中。很多时候我们都应该懂得舍弃，生活中鱼和熊掌都能兼得的时候很少，每一次放弃是为了下一次得到更多的回报。

人生莫不如此，有所失才会有所得。左右为难的情形会时常出现：比如面对两份同具诱惑力的工作，两个同具诱惑力的追求者。为了得到“一半”，你必须放弃另外“一半”。若过多地权衡，患得患失，到头来将两手空空，一无所得。我们不必为此感到悲伤，能抓住人生“一半”的美好已经是很不容易的事情了。

放弃是一种智慧，是一种豪气，是更深层面的进取。我们有时之所以举步维艰，是因为背负太重；之所以背负太重，是因为还不会放弃。功名利禄常常微笑着置人于死地。诗人泰戈尔说：当鸟翼系上黄金时，就飞不远了。学会放弃，才能卸下人生的种种包袱，轻装上阵，迎接生活的转机，度过风风雨雨；懂得放弃，才拥有一份成熟，才会更加充实、坦然和轻松。

量力而为和量“需”而为

有篇文章讲述了作者对蚂蚁的观察：

一只蚂蚁拖着好不容易找来的食物在充满障碍的路上艰难地移动着，我蹲了下来，仔细地看着这小小的生命，它用尽全身力气，想将那块对它来说很硕大的食品带回它的家——那是半粒大米。

我突发奇想，如果给它一个更好的，它会怎么办呢？

我将手中没有吃完的半块饼干轻轻地掰了一小点，放在它的去路上，那块饼干足有那半个米粒的10倍大小。

那只小蚂蚁转了个方向，并没有走我给它预定的那条路，而是更加卖力地拖着那半个米粒，似乎急于回家，想把它的这个辉煌的成绩向众人炫耀。我挪动了一下那块饼干，挡在它的路上。

它终于发现了那个“更好”的东西，放下了正拖动的米粒，围着那块饼干转悠起来，两只触角在上面敲来敲去，然后试着想拖动它。

那对它来说实在是太重了，它根本就拖不动！试了好几次都没有成功，它又围着饼干转悠了两圈，然后在那里发呆，似乎在考虑怎么做才能移动它。我饶有兴趣地看着它，想知道它会怎样决定。

它放弃了，找到了刚才那半个米粒，继续着它的工作。我拾了个小树枝拨了它一下，它顿时惊慌失措起来，放下了米粒，快速地跑开，不过一会儿又回来找到那粒米继续拖动。我又拨动了它一下，它又跑开，再回来，如此往复好几次。

我被它那坚持不懈的精神打动，看着它把那半个米粒一步步拖回家。

过了一会儿，蚂蚁洞里开出了大队人马，浩浩荡荡地来到饼干跟前，你拖我抬，很快就把那块饼干弄回洞里。

如果把蚂蚁的一生比作人的一生，做人也该如此，认识自己，量力而为，看准目标就去努力争取。如果有的事情是你力所不能的，那么去求助你的朋友吧。

我们也应该像蚂蚁一样，在制定自我目标的时候，不妨低开高走，先打算做到60分。虽然追求完美是每一个人的渴望，但最重要的还是量力而为，否则会使你背负上更多的无形的压力。

量力而为，因人而异。如果是称心的岗位，请珍惜工作；如果需要调节自己，请珍惜淡泊的心态。找一个最适合自己的生存方式才是最重要的。

量力而为不是一件难事，只要我们能对自己的能力有一个正确的估计，都能做到。对于我们来说，更难做到的是量“需”而为。

经济学上说，对于人的无穷的欲望来说，资源永远是稀缺的。但是，我们不妨想一下，我们真正需要的东西是什么，即使把一座金山给你，你能享用的不过是九牛一毛而已。只要想开了，凡事我们都不需要过分地追求，只要得到自己真正需要的就可以了，多余的部分对于我们来说，得到和失去的差别并不大。

有一个人在河边钓鱼，他钓了非常多的鱼，但每钓上一条鱼就拿尺量一量。只要比尺大的鱼，他都丢回河里。

旁观的人见了不解地问："别人都希望钓到大鱼，你为什么将大鱼都丢回河里呢？"

这人不慌不忙地说："因为我家的锅只有尺这么宽，太大的鱼装不下。"

不要让无穷的欲念攫取己心，"够用就好"也是不错的生活态度。当人们在自助餐厅，毫无忌惮地吞食，那可真是一个可怕的景象。取自己够用的，不必贪求，这也是一个重要的修炼。

人生中，得与失，常常发生在一瞬间。到底要得到什么？到底会失去什么？见仁见智。随着年龄的增长，阅历的充实，人应该随时调整自己，该得的，不要错过；该失的，要洒脱地放弃。都得，一定会让他人为你而放弃；都失，也太对不起自己。

人的天性是习惯于得到，但是从人生的历程来看，失去反比得到更为本质。

我们迟早有一天会失去人生最宝贵的赠礼——生命，随之也就失去了人生过程中得到的一切。佛教把布施列为"六度”之首，教人以一颗平常心对待失去。

过去的就让它过去吧，失去的就不要再懊悔，我们只做我们能做到的，也只去追求我们真正需要的。这样，心境也就平和释然了！

什么都想要的人会很痛苦

曾经看过一幅漫画，一只瘦狐狸从篱笆上的小洞钻进了葡萄园。它大吃了三天，吃光了葡萄园里的葡萄，身体也变得臃肿不堪，已经无法从来时的小洞钻出去。聪明的狐狸饿了三天，才从小洞突围而出。

舍，就是得；不舍，哪有得。放下，便得自在。放下功名利禄，放下恩怨情仇，放下一切要放下的东西。

列夫·托尔斯泰在小说《一个人需要多少土地》中，讲述了这样一个故事：对土地贪得无厌的帕霍姆，最终在用脚丈量土地的贪婪中吐血而死。他的仆人发现，“帕霍姆最后需要的土地只有从头到脚6米那么一小块”。

攀登雪山的运动员都遵循这样的原则：在攀登过程中，

需要不断地扔掉自己在登山前认真准备的装备，直到扔无可扔。于险要处，教练还会告诉运动员，连呼吸都要控制，稍微粗重的呼吸都可能引发一场雪崩。世上的许多事物，不论费多大的心机，花多大的力气，即使能够拥有，也只是暂时的。

懂得生命和世事的无常，便会舍得；能够舍得，才不会被物欲所驱使，才能够看得清生命的本质，抛得开功名利禄，找到生命快乐的源泉。

放下，是美好生活必需的状态。放下心中的仇恨，放下人与人之间的摩擦，放下对功名利禄的刻意追求，才能给生命留一片绿荫，给心灵种一棵忘忧草。

冤冤相报何时了。当一个人的心被仇恨充盈，那么，快乐已离他远去。且不说，仇恨会像气球一样，越吹越大，挡住了人生的成功之路；即便是大仇得报，也必定是两败俱伤，身心疲惫。送人玫瑰，手有余香。当我们抓起泥巴扔向对方时，首先弄脏的却是自己的手。

只有放下琐事的烦扰，才能常常保持心灵的快乐。不必把人与人之间的琐事当成是非，更不必把别人无心伤到自己的话，堆积成心里的毒瘤。

人生的所谓得与失，在很多时候并没有什么实际的意义。而失意的坏心情，却可以使人丧失对整个生活的感受和看法。这种因心情引起的得与失，比起物质上的得与失，更加致命。

人生在世，我们常常付不起的，正是生活中某类事件对我们心态所形成的那种漫长主宰、改变甚至毁灭。豁达、乐观的心态，才是最昂贵、最重要的。

一个人的快乐，不在于他得到的多，而在于他计较的少。多是负担，是另一种失去；少非不足，是另一种有余。舍弃不一定是失去，而是另一种更宽广的拥有。

舍得是春风、放下是秋雨。有了春风秋雨的浇灌，我们的心灵就能长出参天大树，就能够不被外在的一切所迷惑、迷乱、迷失，就能坚守生命中最宝贵的尊严、操守、信仰，就能够拥有宁静、闲适而又幸福的人生。

鱼与熊掌不可兼得，舍鱼取熊掌

在物欲横流、灯红酒绿的今天，摆在每个人面前的诱惑实在是太多了。有时太贪婪，反而毁了已有的大好前程；有时明明知道是别人布好的陷阱，却因为经不起诱惑而陷入其中。其实，如果我们能保持清醒的头脑，能放弃眼前的私利，一定会认清潜在的危险。如果抓住想要的东西不放，就会给自己带来无尽的痛苦，甚至走向死亡。所以，在现实生活中，需要有一种放弃的清醒。

从前，有一个人得到了一张藏宝图，上面标明了寻宝的路线。看到藏宝图，他马上心动了，立即准备好了一切出行要用的东西，还特意拿了四五个大袋子，打算用它们来装宝物。一切准备就绪后，他就上路了。在路上，他斩断了荆棘，蹚过了大河，冲过了沼泽地。最后，终于找到了第一个宝藏，宝藏里堆满了亮闪闪的金子。他急忙掏出一个袋子，把所有的金币装了进去。离开这个宝藏时，他看到了宝藏的门上有一行字："知足常乐，适可而止。"

他笑了笑，心想，谁愿意丢下这闪光的金子呢？如果有人丢下了，那这个人肯定是个傻子。于是，他没留下一块金子，而是扛着装有金子的袋子往第二个宝藏走去。又是一堆金子出现在了他的眼前。他高兴极了，甚至有些兴奋，像上次一样，他把所有的金子又放进了一个袋子。当他出来时，他又看见了门上写着一行字："放弃了下一个屋子中的宝物，你会得到更宝贵的东西。"

他没有理会门上的忠告，继续往第三个宝藏走去。第三个宝藏里面堆满了钻石。他发红的眼睛中泛着亮光，贪婪的双手抓起钻石，就往袋子里放。突然他发现，在钻石的下面有一扇小门。他心想，这下面一定有更多更好的东西。于是，他毫不迟疑地打开门，跳了下去。谁知，等着他的不是金银财宝，而是一片流沙。他在流沙中不停地挣扎着，可是越挣扎陷得越深，最终他与所有的金子和钻石一起埋在了流沙下面。

有些人，为了得到某些东西，不惜费尽心机去争取，有时甚至会不择手段。可是在他追逐的过程中，可能会失去许多无法计算的东西，得到的东西远不能弥补他所付出的沉重代价。这一点，也许直到最后才会被他发现。

如果这个寻宝的人能在看了第一个忠告后就停手的话，如果在跳下去之前想一想的话，那他就会平安地返回，成为一个真正的富翁。所以说放弃，从某种意义上讲，是给自己一个生存的空间，是给自己一条成功的路。

真正的强者，应该学会放弃，放弃了才可能重新再来，才有机会获得成功。这样的放弃是要开始新的进取，是要有所获得。如果能拿得起却放不下，那么就无法令自己生活得更好，甚至丧失生命。荒漠中行进的人最明白这一点，如果不扔掉过重的行囊，就不能减轻负担，就无法保存体力，就无法走出困境。所以要求生，就应该做到该扔的就扔，那种生存都不能保证的坚持是没有意义的。

有两个渔夫在海底找到了两大袋金条，在返航的途中，他们的船遭到了台风的袭击，被海浪打翻了。没有办法，他们只好一人拖着一袋金条往岸上游。其中一个渔夫为了保存自己的体力，他放弃了属于他的那袋金条。没有袋子的累赘，他马上感到轻松多了。被放手的那袋金条，也渐渐地沉入了海底。另一个渔夫看见后，忙潜到水里，费了好大的劲儿，才把那袋金条拽起来。他拖着两个沉重的袋子吃力地游着。终于，他耗尽了自己的体力，随着他的金条沉到了海底。最后放弃金条的渔夫，安全地游上了岸，回到了家。当他看到妻子和儿子时，他觉得自己的选择是对的。在失去一袋有价的财富的同时，他赚回了一笔无价的财富——亲情。

人的一生，需要我们放弃的东西太多了。俗话说，鱼和熊掌不可兼得。如果不是我们应该拥有的，我们就要学会放弃。有所得就必然有所失，只有学会了放弃，才能拥有更多，才活得充实。

喜欢一样东西，不一定要得到它。有时候为了强求一样东西而令自己身心疲惫不堪，是很不划算的。如果我们付出后，到头来却发现我们失去的东西比得到的更珍贵时，我们一定会懊恼不已。所以当我们喜欢一样东西时，如果条件不允许，就不要太执着，放弃它，是我们最明智的选择。

从前有个猎人，为了抓住猴子，他就在一个瘦口瓶子里放了猴子爱吃的花生米，然后把这个瓶子放到了猴子经常活动的地方。后来，猴子发现了瓶子里的花生米，便伸手去拿。结果抓了花生米，握成拳头的手却抽不出来了，但猴子又不愿意空手出来。正在这时，猎人出现了。猴子吓得就跑，但套在手上的瓶子影响了猴子的速度，结果被猎人抓住了。其实猴子只要松手，就可以放下瓶子，但它的贪性却让它不肯放手。结果为了一把花生米，而被猎人抓住。

很多人往往都会与猴子犯同样的错误，由于太看重眼前的利益，在该放弃的时候却不能放弃，结果铸成了大错，悔恨终生。人的一生也是如此，有的人一生忙碌，什么都想要，可到头来却什么都没有得到。

做人有时候要学着放弃。放弃不是退缩，也不意味着失败。其实，放弃是另一种形式的选择，白云放弃蓝天，化作雨水洒落大地是为了哺育生灵；落叶放弃大树，融入泥土是为了滋养万物。

放弃是为了获得，放弃城市，是为了获得宁静；放弃黄昏，是为了获得黎明；放弃小利，是为了获得一身正气。

第九章

淡定从容，以知足的方式过一生

知足之心是一种宽敞的心胸。人生路上，要学会知足常乐，顺其自然，不要苛求，才会获得幸福的垂青。总是不满足，就总会有痛苦，世界是相对的，满足也是相对的，要知何时足，这才是关键。

知足才能常乐

罗马哲学家塞尼逊有句名言：“人最大的财富，是在于无欲。如果你不能对现有的一切感到满足，那么纵使让你拥有全世界，你也不会幸福的。”生活中，有一些人总是羡慕别人的生活，羡慕别人美丽的容颜，羡慕别人巨大的财富……其实，是他们忽略了自己拥有的一切，安定的工作、和睦的家庭、健康的身体、知心的朋友，而这些也是别人梦寐以求的。所以别让这种美好的生活从身边悄然溜掉，请珍惜你已经拥有的快乐和幸福，学着做个知足的人。

有一个天使，送信的时候在人间睡着了。醒来后，她发现翅膀被偷走了。没有翅膀的天使，能力比普通人还要小。她又冷又饿，来到一个牧羊人家门口。

天使对牧羊人讲述了自己的遭遇，牧羊人很同情天使，就让天使吃饱了饭，还给她穿上暖和的衣服。

牧羊人说："你即使不是天使，我也会给你一顿饭吃的。不过，你如果还想吃下顿饭，就得自己出力了。"

天使开始跟着牧羊人学放羊。

天使每天收集梳理一些落下的羊毛，日积月累，她为自己织了一对羊毛的翅膀，在牧羊人目瞪口呆的注视下飞走了。

过了几天，天使前来答谢牧羊人，问他要什么。

牧羊人说："让我增加100只羊吧。"

羊群增加了100只，牧羊人比过去更累了。他找到天使，请她把羊变回去，为自己盖一所大房子。牧羊人在大房子里住着，发现到处是灰尘，打扫不过来，于是，他用房子换了一匹马。牧羊人骑在马背上，但不知要到什么地方去，就把马还给了天使。

天使问："你还要什么？"

牧羊人回答："什么也不要了。"

天使说："人们都有很多理想，你难道没有吗？"

牧羊人回答："愿望实现之后，我才知道，我不需要这些东西，它成了我的累赘。”

天使说：“那么，我送你一样无价之宝吧，就是性格。你想有什么样的性格？”

牧羊人说：“我已经有了这样的性格，那就是知足。”

读完这个小故事，你是不是也一样明白了知足是一件无价之宝呢？可是我们往往不把这件宝物当宝用，很多的时候，我们总是对它不屑一顾，结果我们总是被无休止的愿望缠绕，搞得身与名俱灭。

知足者常乐。所谓知足，是种平和的境界。所谓常乐，是一种豁达的人生态度。是说这个人懂得取舍，也懂得放弃，更懂得适可而止。而不是说这个人安于现状，没有追求、没有目标。

人们追求的名、权、利皆是过眼云烟，生不带来死不带走的东西，不应该把它们看得太重。世界上没有十全十美的人和事，知足可以让自己活得更加轻松，知足可以给他人少添很多的麻烦……

知足常乐并非阿Q精神，它是一种自我解脱，是调整情绪，取得心理平衡的安慰良药。拥有它，就会变得豁达开朗，心胸宽阔，而快乐也将会常伴你的左右。

有一首歌写得好：在世上有多少欢笑，能使你快乐永久？试问谁能支配将来，永远不必担忧？名和利哪天才足够，能使你满足永久？试问就算拥有了一切，谁能守住眼前的所有？享受生活、知足是真，因为心灵满足才是真正富有的人！

互联网上有这样一句话：我只看我拥有的，不去看我没有的。王梵志也有一首诗说："他人骑大马，我独跨驴子。回顾担柴汉，心下较些子。"虽然有点阿Q的意思在里面，但当我们面对无休止的欲望的时候不妨自嘲一下。当你回头望一望那些没有解决温饱问题的人的时候，你就会觉得，我们现在这样活着，有饭吃、有班上，就已经很幸福了。

所以——

如果早上醒来，你发现自己还能够自由呼吸，你就比在这一周离开人世的100万人更有福气。

如果你从未经历过战争的危险、被囚禁的孤单、忍受折磨的痛苦和忍饥挨饿的难受……你已经好过世上的5亿人。

如果你的冰箱里有食物，身上有足够的衣服，有屋栖身，你已经比世界70%的人富足。

如果你的银行户头有存款，包里有现金，你已经身居世界上最富有的80%的人之列。

如果你的双亲仍然在世，没有分居或离婚，你已属于稀少的一群。

如果你能抬起头，带着微笑，内心充满感恩，你是真的幸福——因为世界上大部分的人本可以这么做，但是他们没有。

如果你能握着一个人的手，拥抱他，或者只是在他的肩膀上拍一下……你的确有福气，因为你所做的已经等同于上帝才能做到的。

知足者常乐。困境中知道寻求比上不足比下有余的平衡，从而满足自己的现状；珍惜自己的拥有，远离欲望的烦恼；品味人生的快乐，保持精神愉快，情绪安定，乐而忘忧。做到这些，你就是一个幸福的人。

人生待足何时足

有位作者和朋友聊天，朋友说正为这一段时间老是做噩梦而痛苦。这位作者问及所梦内容，几乎全是梦见为了一点私利而与别人纠缠不休，甚至大打出手，好生苦恼。这位作者便装作行家，为之解梦，劝他放下最近手中的生意，到处走走，躲一下“小人”，便可不再做噩梦。

这位作者认为：朋友心中有事，自然不得清闲，即使在睡梦中也一样。而醒来时，更是驱赶此身，作无尽的追求。当时没敢与朋友直言，其实真正的“小人”是自己，是自己白日里老是想着为了蝇头小利去与人纠缠，所以才梦里不得安宁。

如果整天为名利所累，万事扰心，不得安宁，即便物质生活上锦衣玉食，但精神压力不能排解，也只能悉苦万端。

天下熙熙，皆为利来；天下攘攘，皆为利往。利当然是社会发展最有效的润滑剂，但不可过于看重名利，过于为名利奔波不休。随着商品经济的发展，我们每个人都生活在讲究效益的环境里，完全不言名利也是不可能的，但应正确对待名利，最好是“君子言利，取之有道；君子求名，名正言顺”。

当然，最好的活法还是淡泊名利。因为名字下头一张嘴，人要是出了名，就会招来嫉妒，受人白眼，遭到排挤，甚至有可能由此而种下祸根。正如古语所说：“木秀于林，风必摧之；堆出于岸，流必湍之；行高于人，众必非之。”而利字旁边一把刀，既会伤害自己，也可能伤害别人，小利既伤和气又碍大利。如果认为个人利益就是一切，便会丧失生命中一切宝贵的东西。

人生待足何时足？名利是无止境的，只有适可而止，才能知足常乐。其实心是人的主宰，名利皆由心而起，心中名利之欲无休止地膨胀，人便不会有知足的时候。欲望就像与人同行，见到他人背有众多名利走在前面，便不肯停歇，而想背负更多的名利走在更前面，结果最后在路的尽头累倒。知足者能看透名利的本质，心中能拿得起放得下，心境自然宽阔。

一个人如若养成看淡名利的人生态度，面对生活，他也就更易于找到乐观的一面。但许多人口口声声说将名利看得很淡，甚至做出厌恶名利的姿态，实际是内心中无法摆脱掉名利的诱惑而做出自欺欺人的姿态，未忘名利之心，所以才时时挂在嘴边。好作讨厌名利之论的人，内心不会放下清高之名，这种人虽然较之在名利场中追逐的人高明，却未能尽忘名利。这些心口不一的人，实际上内心充满了矛盾，但名利本身并无过错，错在人为名利而起纷争，错在人为名利而忘却生命的本质，错在人为名利而伤情害义。如果能够做到心中怎么想，口中怎么说，心口如一，本身已完全对名利不动心，自然能够不受名利的影响。那么不但自己活得轻松，与人交往也会很轻松了。

林语堂曾告诉我们，满足的秘诀在于知道如何享受自己所有的，并能驱除自己能力之外的物欲。所以，从现在开始就开始审视你那不知足的人生吧！

能知足才能知不足

在许多时候，我们不知道满足，甚至为了“了却君王天下事”，对生前身后的功名也期待颇多。对于前世，我们会埋怨父母没有把我们生养在富贵之家，对于后世，总是抱怨子孙们不能个个如龙似凤，但我们更多的不满足还是来自于自身。

我们为什么会这样不知足呢？这其实是欲望的驱使，是幻想的冲动，是不切合实际的索取。如果我们把不知足归结为人类后天的变异，这有失公允。其实，不知足是一种最原始的心理需求，知足则是一种理性思考后的达观与开脱。

托尔斯泰说：“俄罗斯人对于自己的财产从不满足，而对于自己的智慧却相当自信。”这就说明了知足的两重性。人们对于物欲的追求总会优越于精神的追求。在精神上的知足往往不能满足物质的需求，这与人类的第一需要温饱有关。

老子说过：有所为才能有所不为。换句话说，能知足才知不足。诸如，在物质匮乏的年代，我们会满足于一日三餐的粗茶淡饭，但我们深知，我们对于饮食的需求远不止这些，只要条件许可，我们就会要酒要肉，吃完了还想跳个舞。

知足与不知足是一个量化的过程。我们不会把知足停留在某一个水平上，也不会把不知足固定在某一个需要上。不同的年代，不同的环境，不同的阶层，不同的年龄，不同的生活经历，知足与不知足总会相互转化。穷苦的青年人还是不要知足的好，唯有这样，生活才会改观；一夜暴富的大款们，对于知识的追求多一些也许可以提升生活质量。但知足的农民从不强迫自己当总统，安分守己的乡村教师会把按时领到薪水作为对自己最大的慰藉。

知足使人平静、安详、达观、超脱；不知足使人骚动、搏击、进取、奋斗；知足智在知不可行而不行，不知足慧在可行而必行之。若知不行而勉为其难，势必劳而无功；若知可行而不行，这就是堕落和懈怠。这两者之间实际是一个“度”的问题。度是分寸，是智慧，更是水平，只有在温度合适的条件下，树木才会发芽，也不至于因控制不好火候而把钢材炼成生铁。《渔夫和金鱼的故事》中的那个老太婆的最大失败，就是没有把握好知足这个“度”。

在知足与不知足之间，我们更多地倾向于知足。因为它会让我们心地坦然。无所取，无所需，就不会有太多的思想负荷。在知足的心态下，一切都会变得合理、正常、坦然，我们还会有什么不切合实际的欲望和要求呢?

不要有非分之想

谁都会有需求与欲望，但这要与本人的能力及社会条件相符合。每个人的生活都有欢乐，也有缺失，但不能搞攀比，俗话说“人比人，气死人”“尺有所短，寸有所长”。人应该学会尽量满足自己的需求，而尽可能地抑制那无限膨胀的欲望。顺从自然的本心，去快乐地生活！“知足常乐”不应该只是说说……心理调适的最好办法就是做到知足常乐，“知足”便不会有非分之想，“常乐”也就能保持心理平衡了。

有一户从农村来城里打工的人家，男人做的是城里人都不愿做的清洁工，每天的工作就是往垃圾站转运垃圾；女的刚来时怀有身孕，生了孩子后，就出去给人擦皮鞋。他们租住的房子，是一户人家在围墙边搭盖的简易厨房，房子很小，里面只能放下一张双人床。他们的家具都是别人丢弃的，根本就放不进房间里面，只能放在屋外。就连吃饭的桌子也没有，有了也没地方放，他们只能在屋外吃饭，有时将菜碗放在板凳上，有时干脆把炒菜的锅当菜碗用。

他们属于那种城市贫民，是城市里的边缘人，可是他们看上去没有一点愁苦的感觉。他们住的地方是宿舍大院的大门口，经常人来人往，那男的每天哼着小曲，忙进忙出，跟来来往往的人们打着招呼、聊着天，而且有求必应，特别的热心，也特别的快乐。他们觉得他们的需求已经得到了满足，所以，他们很知足。

这对夫妻的物质财富与那些腰缠万贯的比起来可谓是少之又少，可他们的快乐却比那些人多了许多。这是为什么？

其实人的实际需求是很低的，远远低于人的欲望。我们的房子再多再大，也只能在一间屋子里，一张床上睡觉；把世界上所有的山珍海味都摆在桌子上，我们也只能吃下胃那么大小的东西；我们的衣柜里挂满了各式各样的名牌时装，也只能穿一套在身上；我们的鞋子有无数双，也只能穿一双在脚上；我们的汽车有无数辆，也只能开着一辆在街上跑……

可是，人们追求物质享受的那种无穷尽的欲望，有时却使人们的财富变成一种累赘。买了大房子还想买更大的房子；屋子装修了一遍又一遍；车换了一辆又一辆；家具换了一套又一套；家用电器更新了一代又一代。不是因为别的，只是因为有钱，只是希望那些东西、那些身外之物看上去更气派、更豪华、更先进。

每个人都有选择自己生活方式的权利，这无可厚非。但如果让那无限膨胀追求财富的欲望，影响了我们的健康、我们的爱情、我们的婚姻、我们的家庭、我们的快乐，让我们整天为此疲于奔命，寝食难安，带给我们无限的烦恼，更有甚者，这种欲望变成了一种无法满足的贪欲，并促使有人走上了犯罪道路，不仅毁掉了自己的一生，甚至还搭上了性命，那么这种生活方式对我们来说就太不值得了！

“一念之欲不能制，而祸流于滔天。”这是源于《圣经》的经典语句。世界其实很简单，钱本无善恶，钱能买到房子，但买不到家；钱能买到药品，但买不到健康；钱能买到床，但不能买到休息——钱不是万能的。

人生必不可少的东西其实是很少的。认识清楚了这一点，我们就可以活得从容一些，不那么忙碌，不那么心浮气躁。因为不管社会怎么发达，物价如何上涨，我们只要具备一颗平常心，只追求一种平常生活，做到一生衣食无忧，就是件很简单的事情。我们还可以腾出时间、精力来，争取一些别的追求和享受。

不要有攀比心理

在一家公司当干事的老王，就是因为自己被少评一级职称，少长两级工资，便耿耿于怀，终日喋喋不休，有时甚至出口大骂，已发展到精神失常的状态。朋友劝其想开些，他根本听不进去，不久得绝症去世了。细想起来，实在不值得。如果早早自我调节，看到人家事业有成时，如果自己从中看到了努力的方向，脚踏实地，好好工作，也许下一次涨工资的就是自己了。总之，如果能及时调整心态，结局就不会如此了。

所以，人比人是不是气死人，就看我们怎么比，看我们能否调整自己的心态。

事实上，天外有天，人外有人，我们不可能在任何方面都比别人强，胜过别人。太要强的人，一味和比自己强的人比，结果由于心灵的弦绷得太紧了，损耗精神，很难有大的作为。雨果在《悲惨世界》中说：“全人类的充沛精力要是都集中在一个人的头颅里这种状况，如果要延续下去，就会是文明的末日。”俗话说，闻道有先后，术业有专攻。每一个人都有自己的特长，也都有自己的短处，一个人只要在自己从事的专业领域中有所成就便不虚此生。千万不要因看到别人的一点长处就失去心理平衡。每一个人把自己该做的做好是最重要的，最好不要与别人比高低。每一个人在这个世界上都具有独一无二的价值，就像人的手指，有大有小，有长有短，它们各有各的用处，各有各的美丽，我们能说大拇指就比小拇指好吗?

一味和别人比是件不聪明的事，因为即便胜过别人，又会有“枪打出头鸟，出头的椽子先烂”的危险。古人云：“步步占先者，必有人以挤之；事事争胜者，必有人以挫之。”生活中也确实是这样，如果一个人太冒尖，在各方面胜过别人，就容易遭到他人的嫉妒和攻击；而与世无争者反而不会树敌，容易遭人同情，所以说“人胜我无害，我胜人非福”。

其实，最好的处世哲学还是不与人比，做好自己的事，每个人都有自己的生活方式，有自己存在的价值和理由，干吗要和别人比呢？如果心里难受，实在要比的话，倒不如把自己当作竞争对手，和自己的昨天比，这样既不会沾惹是非恩怨，自己还能更上一层楼，岂非自求多福？

不要和别人攀比，他们有他们的生活，我们有我们的目标。幸福的形式是多样的，鞋子合不合脚，只有穿鞋的人知道，别人都是毫不知情的。同样的道理，别人的痛苦我们感受不到，我们看到的别人所谓的幸福极可能只是一种假想：一个住别墅的商人可能欠债百万，一个开奔驰跑车的企业家可能已经濒临破产，一对手挽手走进饭店的“夫妻”可能刚刚协议离婚……所以不要把自己的幸福“定位”在别人身上，实实在在地过自己的日子吧！

给心灵宁静的天空

西方有位哲人在总结自己一生时说过这样的话："在我整整75年的生命中，我没有过上四个星期真正的安宁。这一生只是一块必须时常推上去又不断滚下来的崖石。"所以，追求宁静，对许多人来说成了一个梦想。由此看来，宁静并不是每个人都能享受的。

在现实生活中，也不乏害怕宁静，时时借热闹来逃避宁静以麻痹自己的人。如今，已经很少有人能够固守一方，独享一份宁静了，更多的人脚步匆匆，奔向人声鼎沸的地方。殊不知，热闹之后却更加寂寞。我们如能在热闹中独饮那杯寂寞的清茶，也不失为人生的另类选择。

宁静是一种难得的感觉，只有在拥有宁静时，我们才能静下心来悉心梳理自己烦乱的思绪；只有在拥有宁静时，我们才能让自己成熟。

老街上有一个铁匠铺，铺里住着一位老铁匠。由于没人再需要打铁制的器具，现在他改卖铁锅、斧头和拴小狗的链子。他的经营方式非常古老和传统。人坐在门内，货物摆在门外，不吆喝，不还价，晚上也不收摊。无论什么时候从这儿经过，人们都会看到他在竹椅上躺着，手里一个半导体，身旁是一把紫砂壶。

老铁匠的生意也没有好坏之说。每天的收入正够他喝茶和吃饭。他老了，已不再需要多余的东西，因此他非常满足。

一天，一个文物商人从老街经过，偶然看到老铁匠身旁的那把紫砂壶。因为那壶古朴雅致、紫黑如墨，有清代制壶名家戴振公的风格。于是他走了过去拿起那把壶，看见壶上有一记印章。果然是戴振公的！商人惊喜不已。

商人想以10万元的价格买下来。当他说出这个数字时，老铁匠先是一惊，然后马上拒绝了。因为这把壶是他爷爷留下来的，他们祖孙三代打铁时都喝这把壶里的水，他们的汗也都来自这把壶。

商人走后，老铁匠有生以来第一次失眠了。这把壶他用了60年，并且一直以为是把普普通通的壶。现在竟然有人要以10万元的价格买下它，他转不过神来。

过去，他躺在椅子上喝茶，都是闭着眼睛把壶放在小桌上。现在他总要坐起来再看一眼。这让他非常不舒服。特别让他不能容忍的是，当人们知道他有一把价值不菲的茶壶后，有的就来问还有没有其他的宝贝，有的甚至开始向他借钱。更有甚者，晚上推他的门。

他的生活被彻底打乱了。

老铁匠再也坐不住了。他招来左右店铺的人和前后邻居，拿起一把斧头，当众把那把紫砂壶砸了个粉碎。

现在，老铁匠还在卖铁锅、斧头和拴小狗的链子。

老人愤怒地砸烂了茶壶，他只想得到一片属于自己的宁静。

宁静是一种感受，是一种难得的感觉，是心灵的避难所，它给我们足够的时间去舔舐伤口，重新以明朗的笑容直面人生。

懂得了宁静，便能从容地面对阳光，将自己化作一盏清茗，在轻啜中渐渐明白，不是所有的生长都能成熟，不是所有的欢歌都是幸福，不是所有的故事都是真实的，有时，平淡是穿越灿烂而抵达美丽的一种高度，一种境界。当宁静来临时，轻轻合上门窗，隔去外面喧嚣的世界，默默独坐在灯下，平静地等待身体与心灵的一致，让自己从悲喜交集中净化出来思想。这样，被一度驱远的宁静会重新得到回归。我们静静地用自己的理解去解读人世间风起云涌的变化，思考人生历程中的痛苦和欢悦。当我们真正领略了人生的丰富与美好，生命的宏伟和广阔，让身心平直地立在生活的急流中，不因贪图而倾斜，不因喜乐而忘形，不因危难而逃避。我们就读懂了宁静，理解了宁静。于是，宁静不再是宁静，宁静成了一首诗，成了一道风景，成了一曲美妙的音乐，成了享受。

这是宁静的净化，它让人感动，让人真实又美丽。

宁静是一种心境，氤氲出一种清幽与秀逸，冉冉上升的思绪逃离了城市的喧嚣，营造出一种形胜独标的自得和孤高，去获得心灵的愉悦，获得理性的沉思，与潜藏灵魂深层的思想交流，找到某种攀升的信念。

知足是一种境界

每每谈起知足，人们总以为那是人的情性流露，其实不然。知足是一种成功处世的艺术，它源于内在精神境界的充实丰富以及应付人生世事的自如圆熟。欲望是无止境的。人总是在追求更新的目标，并为之奔波忙碌，而生活所提供给欲望的满足却总是有限的。

以人性驾驭理性，便是知足，让理性制人性，就是不知足，足与不足在于理，非人力所能勉强，知与不知在于我，不是贫富能左右的。

足是相对的，暂时的，而不足是绝对的，永恒的，假如一个人处处以“足”为目标不懈追求，那他所得到的结果将是永远的不足。如果一个人以“不足”为生活的事实予以理解和接纳，那么他对生活的感受反倒是足的。

知足的人即满足于自我的人，知足者能认识到无止境的欲望其实是痛苦。于是，就干脆压抑一些无法实现的欲望。这从表面上来看似乎比较残忍，但它却减少了更多的痛苦。在能实现的欲望之内，他拼命地奋斗，当目标实现时，快乐便油然而生，人生的境界就会提升。

历史上有很多失败的例子都是由不知足所造成的。由于人太贪婪了，欲望太强了，而其自身的能力又有限，这注定贪婪者终有失败的下场。清朝乾隆年间和珅像发了疯，什么手段都敢使，其穷奢极欲达到了极限。其结果呢？抄家赐死。

幸福是需要比较的，它没有标准，没有止境。而只是看你对它的认识如何，以及看你对它做怎样的解释。知足是上帝赐予的幸福，知足者经常有富裕感。

后记

关于《别跟自己过不去》这本书，写了这么多，在完稿之际，感慨颇多。因为这本书在当今这个快节奏、压力无处不在的社会，简直是一剂良药。

身边有一朋友，就是典型的跟自己过不去的人，工作上没有成绩，她就经常着急，时时刻刻绷紧这个神经，把自己搞得很疲劳。谁家买房子，谁家的孩子学习成绩比自己的孩子好……为此，她经常很烦躁，稍一不顺心，要不就是怨天尤人，要不就是跟人乱发脾气。

生活中，像我朋友这样的人估计还很多。这一切都归结为这类人太复杂了，想的太多，欲望也太多，其实做人还是要简单些才好。如果有人问你1+1等于几，你能理直气壮地当即回答出等于2吗？估计大多数人在被问到这样一个问题时都要思考半天，因为他们知道数学家陈景润曾经花了好几年时间去证明1+1等于几的问题。其实，1+1还是等于2的，陈景润证明的是哥德巴赫猜想，并非是去证明1+1不等于2。我们因为知道太多，反而束缚了自己的手脚。

同样的一个问题，如果去问小学生，他们肯定会立即回答出来，因为他们没有那么复杂，他们的头脑比我们简单，也正是因为简单，才使他们不受常规的约束。

简单是一种智慧，是一种经历复杂之后更上层楼的彻悟。

简单是一种美，是一种智者所具有的高品味的境界。

简单绝不是简化、原始，而是一种大彻大悟之后的升华。高僧的生活简单，因为他们已经参透人生的真谛，看清了世界的实质，他们的思想达到了更高的境界。齐白石画虾，仅寥寥几笔，便把虾画得活灵活现，栩栩如生，那是因为他的艺术修为、画技更高。普通人如果不下苦功夫去练画，也来学他那几笔，画出来的东西，可能连他自己都认不出。

记得以前看过这样一个故事：某人请一位画家给他画一幅马，画家答应十年以后给他。十年后那人来取画。画家便把他领到画室，展开画纸，挥动画笔，很快便画好了一幅马。

来人很是不解且不满地质问画家：“既然你能很快便画好，为什么让我等了十年呢？”

画家没有当即回答他，而是把他带到另一间屋，里面堆满了画家练画时用过的画纸，只见地上堆满了马的图画。画家语重心长地对来人说：“我花了十年时间才做到这么短时间画好一幅马的画。”

简单是一种境界，只有经过一番苦练才能达到。简单做人也是一种境界，一种比复杂的人生更高的境界。名利、地位、金钱、事业有成，出人头地，飞黄腾达，是一种人生，但未免过于复杂，行动未免受到太多的牵制，做什么事都要三思而后行，一样想不到就会出错。

简单做人，不依附权势，不贪求名利、金钱，无怨无争，也是一种人生。这种人生为自己而活，不必看别人的脸色行事，想笑就笑，想哭就哭，快乐自在。虽然没有人送礼，没有人吹捧，但也没有人惦记，出门不用小心坏人，单位不用提防小人。生活反而更轻松。这种人生更精彩。